温州海岛植物（中）

ISLAND FLORA OF WENZHOU

王金旺　陈秋夏 ▪ 主　编
魏　馨　杨　升 ▪ 副主编

中国林业出版社
CFPH China Forestry Publishing House

图书在版编目(CIP)数据

温州海岛植物. 中 / 王金旺, 陈秋夏主编. -- 北京:中国林业出版社, 2020.5
ISBN 978-7-5219-0536-6

Ⅰ. ①温… Ⅱ. ①王… ②陈… Ⅲ. ①岛－植物－介绍－温州
Ⅳ. ①Q948.525.53

中国版本图书馆CIP数据核字(2020)第063487号

出　版　中国林业出版社（100009 北京西城区德内大街刘海胡同 7 号）
网　址　http://lycb.forestry.gov.cn
电　话　(010) 83143542　83143549
发　行　中国林业出版社
印　刷　河北京平诚乾印刷有限公司
版　次　2020 年 10 月第 1 版
印　次　2020 年 10 月第 1 次
开　本　787mm × 1092mm　1/16
印　张　12.75
字　数　300 千字
定　价　128.00 元

温州海岛植物（中）

编辑委员会

温州海岛植物（中）

ISLAND FLORA OF WENZHOU

序

FOREWORD

由于海岛特殊的自然环境，蕴育了独特的植物多样性，在植物多样性研究中具有非常重要的地位。海岛植物区系与大陆植物区系的分异和联系，是植物区系地理学研究的热点问题，一直受到植物学研究者的重视和关注。

温州地处浙江东南沿海，全市海域面积 1.1 万 km^2，有大小海岛 700 多个，是我国岛屿最多的地区之一。虽然，对于温州沿海岛屿的植物资源和区系已有多次调查，特别是"八五"期间全国统一部署的海岛自然资源的调查中有过较为系统的调查，取得丰硕的成果，发现了毛柱郁李、变叶裸实、车桑子、滨当归、日本百金花、北美水茄等许多浙江乃至中国分布新记录植物；自 2010 年以来，温州野生植物资源调查与《温州植物志》编著项目也对部分岛屿作了调查，发现了匍匐黄细心、早田氏爵床、墨苜蓿等浙江或我国大陆分布新记录植物。但由于海岛交通不便，调查费用高，海岛植物资源的调查难度很大，因此，海岛植物资源的调查与研究相对大陆要薄弱许多。

让我欣喜的是，陈秋夏博士、王金旺博士等人组成的课题组在国家海洋局温州海洋环境监测中心站、温州市海洋与渔业局等单位的资助下，根据全国海岛资源监测的统一部署，为期数年，开展了迄今最为全面的温州海岛植物资源和多样性调查研究，调查的岛屿达80多个，分别记录了每个海岛的植物种类与分布情况。通过鉴定和整理，已知野生维管束植物共600多种，比较全面系统地反映了温州海岛植物的多样性，并发现了狼毒大戟、全缘冬青、东南南蛇藤、海岸卫矛、中华补血草、玫瑰石蒜等温州或浙江分布新记录植物20余种，丰富了温州乃至浙江植物区系的内容，不仅充实了《温州植物志》有关海岛植物分布信息，也为《浙江植物志》（第二版）的编著提供了有用资料。

现在，课题组根据调查结果编著的《温州海岛植物》即将出版，这是我省有关海岛野生植物资源的第一本专著。相信它的出版将在海岛植物资源的合理利用、植物多样性的科学保护和生态文明建设方面发挥重要作用。

丁炳扬

2016年7月6日于百山祖

前 言

PREFACE

海岛的法学定义在国际上一直以来存在争议，现通常引用的是1982年《联合国海洋公约》第121条“岛屿是四面环水并在高潮时高于水面的自然形成的陆地区域”；其地质学定义在我国国家标准《海洋学术语 海洋地质学GB/T 18190—2000》中的表述为，海岛指散布于海洋中面积不小于500m²的小块陆地。海岛具有重要的战略地位，是划分内水、领海及管辖海域的重要标志，是建设深水港、从事渔业、发展海上旅游等的重要基地；同时作为海洋生态系统重要组成，是特殊动植物资源的基础库。温州地处浙江东南沿海，全市海域面积1.1万km²，海岸线长1031km，大陆岸线长355km，辖大小海岛716.5个（横仔岛与台州各占一半），其中500m²以上的海岛436个，有植被分布的海岛351个，最南端有植被分布的海岛为东星仔岛（27° 2′ 46.8″），最北端有植被的海岛为筲箕屿（28° 22′ 25.7″），面积最大的海岛为大门岛（2877.783hm²），距离大陆最远的有植被海岛为外长屿（44.31km）。

生物多样性是人类实现可持续发展的基础，生物多样性的研究和保护被世界各国普遍重视和关注，植物多样性和海岛植被是维持海岛生态系统的基础，海岛特殊生境孕育了特殊的植物多样性。温州属中亚热带湿润季风气候区，全区温度适宜，四季分明，光照充足，雨量充沛，7月平均气温28.7℃，1月平均气温8.1℃，年平均气温17.9 ~ 18.1℃，是浙江省植物种类最丰富的地区之一。温州海岛的植被类型主要有中亚热带常绿阔叶林、中亚热带常绿—落叶阔叶混交林、中亚热带针叶—阔叶混交林、中亚热带灌丛和草丛等。研究海岛植物资源和海岛植被分布对于如何合理开发利用、保护海岛资源，同时对丰富生物多样性理论研究等具有重要的意义。

2010年以来，受国家海洋局温州海洋环境监测中心站及温州市海洋与渔业局等单位的委托，浙江省亚热带作物研究所开展了温州市重点无居民海岛植物资源调查研究和海岛植被监测等工作。参加野外调查人员有陈秋夏、王金旺、魏馨、周庄、陈贤兴、胡仁勇、李效文、夏海涛、杨升、卢翔、雷海清、高媛、王晓乐、孙伟、钱锋、吕雅静、杨燕萍、王军锋、刘星、刘洪见、邓瑞娟、付双彬、曾爱平、姚丽娟、季海宝、廖三弟等，海岛野外考察工作十分艰辛，但收获也颇丰，至2018年年底共调查的岛屿有80多个，分别记录了每个海岛的植物分布情况，通过鉴定和整理，目前发现海岛植物650余种，其中发现了狼毒大戟、全缘冬青、东南南蛇藤、海岸卫矛、中华补血草、玫瑰石蒜等温州或浙江分布新记录植物20余种。

《温州海岛植物（上）》收录了蕨类植物、裸子植物及被子植物中离瓣花亚纲植物73科219种，本书收录了被子植物中合瓣花亚纲植物26科188种。书中蕨类植物科的概念和排列顺序按照秦仁昌系统，裸子植物科的概念和排列顺序按照郑万钧系统，被子植物科的概念和排列顺序按照恩格勒系统，与《浙江植物志》相同。书中详细描述了植物的形态特征、海岛生长环境与分布、用途等信息，每个物种都配有相关的彩色照片。杜鹃花科至紫草科主要由陈秋夏编写，马鞭草科至茄科主要由魏馨编写，玄参科至桔梗科主要由杨升编写，菊科由王金旺编写，陈贤兴、王金旺对全文的文字和图片进行审阅和修改。

国家海洋局温州海洋环境监测中心站、温州市自然资源与规划局（原温州市海洋与渔业局）等单位提供经费资助并在野外调查工作中给予了大力协助；陈征海教授级高工提供了部分物种照片；著名的分类学专家丁炳扬教授为本书作序，在此致以诚挚感谢！受专业知识和野外调查时间的所限，本书难免存在疏漏和错误之处，敬请广大读者批评指正！

编者

2019年8月

目　录

CONTENTS

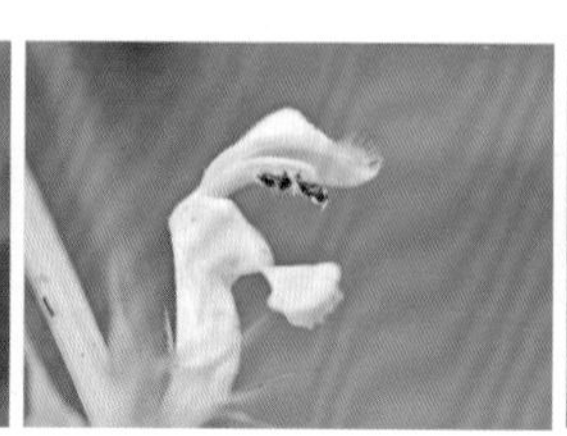

映山红 （杜鹃）

Rhododendron simsii Planch.

• 杜鹃花科 Ericaceae　• 杜鹃属 ***Rhododendron*** Linn.

• 形态特征　落叶或半常绿灌木。分枝密被棕褐色糙伏毛。叶二型；春叶纸质，卵状狭椭圆形至卵状椭圆形，长 2~5cm，宽 0.5~3cm，先端短渐尖，基部楔形或宽楔形，两面被糙伏毛，中脉在上面凹陷，下面凸出；夏叶较小，通常倒披针形，长约 1.5cm，两面被糙伏毛，冬季常不脱落；叶柄长 2~5mm，密被棕褐色糙伏毛。花 2~3(~6) 朵簇生枝顶；花冠鲜红色或暗红色，长 3.5~4cm，5 裂，上部裂片具深红色斑点；花梗密被棕褐色糙伏毛；花萼 5 深裂，被糙伏毛，边缘具睫毛；雄蕊 10，长约与花冠相等。蒴果卵球形，长达 1cm，密被糙伏毛；花萼宿存。花期 4~5 月，果期 6~8 月。

• 产地与生长环境　见于乐清市大乌岛，洞头区青山岛、鸭屿，瑞安市北龙山，苍南县官山岛等海岛。生于山坡灌丛或林下，为酸性土指示植物。

• 用途　观赏植物；全株供药用。

乌饭树（南烛）

Vaccinium bracteatum Thunb.

●杜鹃花科 Ericaceae　●越橘属 *Vaccinium* Linn.

● **形态特征**　常绿灌木。叶片革质，椭圆形或卵状椭圆形，长 3~6cm，宽 1~3cm，边缘有细锯齿，两面无毛，侧脉 5~7 对，斜伸至边缘以内网结，与中脉、网脉在表面和背面均稍微突起；总状花序顶生和腋生，长 4~10cm，序轴密被短柔毛，稀无毛；花梗短，密被短毛或近无毛；花萼钟状；花冠白色或粉色，筒状，有时略呈坛状，长 5~7mm，口部裂片短小，三角形，外折；雄蕊 10，内藏，花丝细长，密被疏柔毛。浆果直径约 5mm，熟时紫黑色。花期 6~7 月，果期 8~10 月。

● **产地与生长环境**　温州沿海岛屿常见。生于山坡林内或灌丛中。

● **用途**　果实成熟后酸甜，可食，也可入药，名“南烛子”；采摘枝、叶渍汁浸米，煮成“乌饭”，江南一带民间在寒食节（农历四月）有煮食乌饭的习惯。

朱砂根（硃砂根）

Ardisia crenata Sims

● **紫金牛科 Myrsinaceae** ● **紫金牛属 *Ardisia* Swartz**

● 形态特征　常绿小灌木。茎粗壮，无毛，除侧生特殊花枝外，无分枝。叶片革质或坚纸质，椭圆形、椭圆状披针形至倒披针形，边缘具皱波状或波状齿，具明显的边缘腺点，两面无毛，有时背面具极小的鳞片，侧脉 12~18 对，构成不规则的边缘脉。伞形花序或聚伞花序，着生于侧生特殊花枝顶端；花枝近顶端常具 2~3 片叶或更多，或无叶，长 4~16cm；花梗长 7~10mm，几无毛；花长 4~6mm，花萼仅基部连合，萼片长圆状卵形，顶端圆形或钝，具腺点；花瓣白色，稀略带粉红色，盛开时反卷，卵形，顶端急尖，具腺点。果球形，鲜红色，具腺点。花期 5~6 月，果期 10~12 月，有时至翌年 4 月。

● 产地与生长环境　见于瑞安市铜盘山岛、长大山岛、荔枝岛、王树段岛，苍南县官山岛等海岛。生于灌木丛中。

● 用途　木材煮汁可作黄色染料；茎皮及根皮药用，有舒筋、活血、祛风湿、清肺热之效；果可生食或糖渍；园林观赏树种。

多枝紫金牛

Ardisia sieboldii Miq.

• **紫金牛科 Myrsinaceae** • **紫金牛属 *Ardisia* Swartz**

• 形态特征 灌木。分枝多；小枝粗壮，幼时被疏鳞片及细皱纹。叶片纸质或革质，倒卵形或椭圆状卵形，有时披针形，全缘，两面无毛，侧脉多数，不甚明显。复亚伞形花序或复聚伞花序，腋生，通常于小枝顶端叶腋，多花，每亚伞形花序梗长 5~15mm，花序及花梗均被锈色鳞片和微柔毛；花瓣白色，广卵形，顶端急尖，多少具腺点。果球形，直径约 7mm，红色至黑色，略肉质。花期 5~6 月，果期 7 月至翌年 1 月。

• 产地与生长环境 见于洞头区北爿山岛、官财屿，瑞安市长大山岛、荔枝岛、王树段岛，平阳县柴屿岛，苍南县长腰山岛等海岛。生于山间林中或山坡岩石缝。

• 用途 木材煮汁可作黄色染料；茎皮及根皮药用，有舒筋、活血、祛风湿、清肺热之效；果可生食或糖渍；园林观赏植物。

网脉酸藤子

Embelia vestita Roxb.

•紫金牛科 Myrsinaceae　•酸藤子属 *Embelia* Burm. f.

● 形态特征　攀援灌木。分枝多；枝条无毛，密布皮孔，幼时多少被微柔毛。叶片坚纸质，稀革质，边缘具细或粗锯齿，两面无毛，叶面中脉下凹，背面隆起；叶柄具狭翅，多少被微柔毛。总状花序，腋生，可达 3cm 以上，被微柔毛；花梗被乳头状突起；小苞片钻形，里外均被乳头状突起；花 5 数，花萼基部连合，具缘毛，里外无毛，多少具腺点；花瓣分离，淡绿色或白色，具腺点。果球形，直径 4~5mm，蓝黑色或带红色，具腺点，宿存萼紧贴果。花期 10~12 月，果期翌年 4~7 月。

● 产地与生长环境　见于苍南县官山岛。生于山坡灌木丛中。

● 用途　根、茎可供药用，有清凉解毒、滋阴补肾的作用。

密花树

Myrsine seguinii Lévl.

●**紫金牛科 Myrsinaceae** ●**铁仔属 *Myrsine* Linn.**

● 形态特征 大灌木或小乔木。小枝无毛，具皱纹，有时有皮孔。叶片革质，全缘，两面无毛，叶面中脉下凹。伞形花序或花簇生，着生于具覆瓦状排列的苞片的小短枝上，小短枝腋生或生于无叶老枝叶痕上，有花 3~10 朵；苞片广卵形，具疏缘毛；花萼仅基部连合；花瓣白色或淡绿色，有时为紫红色，基部连合达全长的 1/4，花时反卷，具腺点，外面无毛，里面和边缘密被乳头状突起；雄蕊在雌花中退化，在雄花中着生于花冠中部。果球形或近卵形，灰绿色或紫黑色，有时具纵行腺条纹或纵肋，冠以宿存花柱基部。花期 4~5 月，果期 10~12 月。

● 产地与生长环境 见于洞头区东策岛、青山岛等海岛。生于灌木丛中。

● 用途 根可入药；树皮含鞣质；木材坚硬，可作车杆车轴。

琉璃繁缕

Anagallis arvensis Linn.

● **报春花科 Primulaceae**　● **琉璃繁缕属 *Anagallis* Linn.**

● 形态特征　一年生或二年生草本。茎匍匐或上升，四棱形，棱边狭翅状，常自基部发出多数分枝，主茎不明显。叶交互对生或有时 3 枚轮生，卵圆形至狭卵形，全缘，先端钝或稍锐尖，基部近圆形，无柄。花单出腋生；花梗纤细，果时下弯；花萼深裂几达基部，裂片线状披针形；花冠辐状，蓝紫色或淡红色，5 深裂，裂片倒卵形，全缘或顶端具啮蚀状小齿。蒴果球形，盖裂。花期 3~4 月，果期 4~8 月。

● 产地与生长环境　见于乐清市横屿，洞头区大竹峙岛、北小门岛、乌星岛，平阳县南麂岛、苍南县东星仔岛、机星尾岛、星仔岛、琵琶山岛、草屿岛等海岛。生于田野及荒地中。

● 用途　全草有毒。

星宿菜 （红根草）

Lysimachia fortunei Maxim.

• 报春花科 Primulaceae • 珍珠菜属 *Lysimachia* Linn.

● 形态特征　多年生草本。根状茎横走，紫红色。茎直立，高 30~70cm，基部紫红色，通常不分枝，嫩梢和花序轴具褐色腺体。叶互生，近于无柄，叶片长圆状披针形至狭椭圆形，基部渐狭，两面均有黑色腺点。总状花序顶生，细瘦，长 10~20cm；花萼深 5 裂，有腺状缘毛，背面有黑色腺点；花冠白色，裂片椭圆形或卵状椭圆形，先端圆钝，有黑色腺点。蒴果球形，种子数多。花期 6~8 月，果期 8~11 月。

● 产地与生长环境　见于洞头区大竹峙岛、官财屿、北小门岛，瑞安市铜盘山、凤凰山，苍南县官山岛、琵琶山、长腰山、草屿岛等海岛。生于林缘草丛。

● 用途　民间常用草药，具清热利湿、活血调经功效。

滨海珍珠菜

Lysimachia mauritiana Lam.

•**报春花科 Primulaceae** •**珍珠菜属 *Lysimachia* Linn.**

● 形态特征 二年生草本。茎簇生，圆柱形，稍粗壮，通常上部分枝。叶互生，匙形或倒卵形以至倒卵状长圆形，两面散生黑色粒状腺点。总状花序顶生，初时因花密集而成圆头状，后渐伸长成圆锥形，通常长 3~12cm，直立；苞片匙形，花序下部的几与茎叶相同，向上渐次缩小；花萼 5 深裂，背面有黑色粒状腺点；花冠白色 5 深裂，管状钟型；雄蕊比花冠短。蒴果梨形。花期 5~6 月，果期 6~8 月。

● 产地与生长环境 温州沿海岛屿常见。生于海滨岩石、沙滩石缝中。

● 用途 具有活血、调经之功效；外用可治疗蛇咬伤等症。

中华补血草

Limonium sinense (Girald) Kuntze

●**白花丹科 Plumbaginaceae** ●**补血草属 *Limonium* Mill.**

● 形态特征 多年生草本。叶基生，倒卵状长圆形、长圆状披针形至披针形。花序伞房状或圆锥状；花序轴通常 3~5（10）枚，上升或直立，具 4 个棱角或沟棱，常由中部以上作数回分枝，末级小枝二棱形；不育枝少，位于分枝的下部或分叉处；穗状花序有柄至无柄，排列于花序分枝的上部至顶端，由 2~6（11）个小穗组成；小穗含 2~3（4）花，被第一内苞包裹的 1~2 花常迟放或不开放；花萼漏斗状；花冠黄色。花果期 5~9 月。

● 产地与生长环境 见于苍南县东星仔岛。生于灌草丛中。

● 用途 根或全草民间药用，有收敛、止血、利水功效。

柿

Diospyros kaki Thunb.

●**柿科** Ebenaceae　●**柿属** ***Diospyros*** **Linn.**

● 形态特征　落叶乔木。树皮沟纹较密，裂成长方块状。枝散生纵裂的长圆形或狭长圆形皮孔。叶纸质，卵状椭圆形至倒卵形或近圆形，先端渐尖或钝，基部楔形，钝圆形或近截形；叶柄有毛，上面有浅槽。花雌雄异株，但间或有雄株中有少数雌花，雌株中有少数雄花，聚伞花序腋生；雄花序小，通常有花 3 朵；雄花小，长 5~10mm；花萼钟状，深 4 裂，有睫毛；花冠钟状，不长过花萼的两倍，黄白色，雄蕊 16~24 枚，着生在花冠管的基部，连生成对；雌花单生叶腋，长约 2cm，花萼绿色，直径约 3cm 或更大，深 4 裂，萼管近球状钟形；花冠淡黄白色或黄白色而带紫红色，壶形或近钟形；退化雄蕊 8 枚，着生在花冠管的基部，带白色，有长柔毛。果嫩时绿色，后变黄色，橙黄色；宿存萼 4 裂，厚革质或干时近木质。花期 5~6 月，果期 9~10 月。

● 产地与生长环境　见于瑞安市北龙山岛。生于村落旁废弃荒地。

● 用途　果实可鲜实或制作柿饼；提取柿漆；柿蒂可药用。

罗浮柿

Diospyros morrisiana Hance

● **柿科 Ebenaceae** ● **柿属 *Diospyros* Linn.**

● 形态特征 乔木或小乔木。树皮呈片状剥落。枝灰褐色，散生长圆形或线状长圆形的纵裂皮孔；嫩枝疏被短柔毛。叶薄革质，长椭圆形或下部的为卵形，先端短渐尖或钝，基部楔形，叶缘微背卷，上面有光泽，深绿色，下面绿色，干时上面常呈灰褐色，下面常变为棕褐色，叶柄嫩时疏被短柔毛，先端有很狭的翅。雌雄异株，雄花序短小，腋生，聚伞花序；雄花带白色，花萼钟状，有绒毛，4裂，裂片三角形，花冠在芽时为卵状圆锥形，开放时近壶形，长约7mm，4裂；雄蕊16~20枚；雌花单朵腋生，花萼浅杯状，4裂，裂片三角形，长约5mm；花冠近壶形，长约7mm，外面无毛，内面有浅棕色绒毛；裂片4；退化雄蕊6枚。浆果球形，直径1.2~1.8cm，浅黄色，具白霜。花期5~6月，果期11月。

● 产地与生长环境 见于苍南县官山岛。生于山坡灌丛中。

● 用途 可提取柿漆，木材可制家具；茎皮、叶、果入药，有解毒消炎之效。

白檀

Symplocos paniculata (Thunb.) Miq.

•山矾科 Symplocaceae　•山矾属 *Symplocos* Jacq.

- 形态特征　落叶灌木或小乔木。叶膜质或薄纸质，阔倒卵形、椭圆状倒卵形或卵形，长3~9cm，宽2~4cm，先端急尖或渐尖，边缘有细尖锯齿。圆锥花序，花冠白色；花萼外无苞片；雄蕊约30枚，长短不一，花丝基部合生。核果幼时绿色、熟时蓝黑色，卵状球形，稍偏斜，长5~8mm，顶端宿萼裂片直立。
- 产地与生长环境　温州沿海岛屿常见。生于山坡、路边、疏林或密林中。
- 用途　叶药用；根皮与叶作农药用。

老鼠矢

Symplocos stellaris Brand

• 山矾科 Symplocaceae • 山矾属 *Symplocos* Jacq.

- 形态特征　常绿小乔木。小枝粗，髓心中空。叶厚革质，披针或狭长圆状椭圆形，长 6~20cm，宽 2~5cm，先端急尖或短渐尖。团伞花序着生于二年生枝的叶痕之上；花冠白色，5 深裂，雄蕊 18~25 枚，花丝基部合生成 5 束。核果狭卵状圆柱形，长约 1cm。花期 4~5 月，果期 6~9 月。
- 产地与生长环境　见于平阳县大擂山屿等海岛。生于灌丛中。
- 用途　可用作观赏植物。

苦枥木

Fraxinus insularis Hemsl.

• **木犀科** Oleaceae　• **梣属** ***Fraxinus*** **Linn.**

● 形态特征　落叶大乔木。嫩枝扁平，细长而直，皮孔细小，点状凸起，白色或淡黄色。羽状复叶长 10~30cm；叶柄长 5~8cm；小叶（3）5~7 枚，嫩时纸质，后期变硬纸质或革质。圆锥花序生于当年生枝端，顶生及侧生叶腋，长 20~30cm；花序梗扁平而短；花冠白色，裂片匙形；雄蕊伸出花冠外。翅果红色至褐色，长匙形，长 2~4cm，宽 3.5~5mm，翅下延至果体上部。果体近扁平；花萼宿存。花期 4~5 月，果期 7~9 月。

● 产地与生长环境　见于乐清市大乌岛等海岛。生于山坡。

华素馨

Jasminum sinense Hemsl.

●木犀科 Oleaceae　●素馨属 *Jasminum* Linn.

● 形态特征　缠绕藤本。小枝圆柱形，密被锈色长柔毛。叶对生，三出复叶；小叶片纸质，卵形、宽卵形或卵状披针形，两面被锈色柔毛，下面脉上尤密，顶生小叶片明显较侧叶大。聚伞花序常呈圆锥状排列，顶生或腋生，花多数，稍密集，稀单花腋生；花梗缺或具短梗；花萼被柔毛，裂片线形；花冠白色或淡黄色，裂片 5 枚。浆果长圆形或近球形，呈黑色。花期 6~10 月，果期 9 月至翌年 5 月。

● 产地与生长环境　见于瑞安市铜盘山岛、凤凰山岛、北龙山岛，平阳县柴峙岛等海岛。生于山坡、灌丛或林中。

● 用途　可作园林绿化植物。

小蜡

Ligustrum sinense Lour.

• 木犀科 Oleaceae　• 女贞属 *Ligustrum* Linn.

● 形态特征　落叶灌木或小乔木。小枝圆柱形，幼时被淡黄色短柔毛或柔毛，老时近无毛。叶片纸质或薄革质，上面深绿色，疏被短柔毛或无毛，或仅沿中脉被短柔毛，侧脉 4~8 对，近叶缘处网结。圆锥花序顶生或腋生，塔形，长 4~11cm，宽 3~8cm；花冠白色，4 裂。浆果状核果近球形，熟时黑色。花期 3~6 月，果期 9~12 月。

● 产地与生长环境　见于乐清市大乌岛，苍南县官山岛等海岛。生于山坡、灌丛中。

● 用途　果实可酿酒；种子榨油供制肥皂；树皮和叶入药，具清热降火等功效；可作绿篱等园林植物。

水田白

Mitrasacme pygmaea R. Br.

• 马钱科 Loganiaceae　• 尖帽花属 *Mitrasacme* Labill.

• 形态特征　一年生草本。茎圆柱形，直立，纤细。叶对生，疏离，在茎基部呈莲座式轮生，叶片草质，卵形、长圆形或线状披针形。花单生于侧枝的顶端或数朵组成稀疏而不规则的顶生或腋生伞形花序；苞片卵形或卵状披针形，边缘被睫毛；花萼钟状，裂片4；花冠白色或淡黄色，钟状，花冠裂片4。蒴果近圆球状，基部被宿存的花萼所包藏，成熟时顶端2裂；种子小，狭椭圆形，表面有小瘤状凸起。花期6~7月，果期8~9月。

• 产地与生长环境　见于洞头区东策岛。生于山坡草丛。

• 用途　全株可供药用。

日本百金花

Centaurium japonicum (Maxim.) Druce

• **龙胆科 Gentianaceae** • **百金花属 *Centaurium* Hill**

● 形态特征　一年生草本。全株光滑无毛。茎直立，略四棱形，多分枝。基生叶具短柄，匙形；茎生叶对生，叶片长圆形或卵状披针形，先端钝圆，基部圆形，半抱茎，无叶柄。花单生于叶腋或小枝顶端，呈穗状聚伞花序，无花梗；花萼 5 裂，裂片狭椭圆形；花冠高脚碟状，上部粉红色，下部白色，喉部膨大，5 裂，裂片狭矩圆形；雄蕊 5，着生于管筒喉部；子房狭椭圆形，无柄。蒴果狭长圆形，无柄，先端具宿存花柱。种子多数，黑褐色，圆球形。花果期 5~7 月。

● 产地与生长环境　见于洞头本岛、大衢岛。生于山坡灌丛。

灰绿龙胆

Gentiana yokusai Burkill

• **龙胆科** Gentianaceae　• **龙胆属** *Gentiana* Linn.

• 形态特征　一年生矮小草本。茎单一或基部分枝呈丛生状，高 3~10cm，上部常重复分枝，密被乳头状毛。基生叶莲座状，叶片卵形，长约 1cm，宽约 0.6cm；茎生叶对生，与基生叶相似而小，先端急尖，具硬尖头，边缘膜质，近无柄。花单生分枝顶端，苞片叶状；花萼长约 5mm，裂片长圆形，先端具硬尖头，边缘膜质；花冠淡蓝紫色，裂片卵形，背部有鸡冠状突起；褶片宽卵形，蚀齿状；雄蕊 5，基部贴生于花冠筒上；雌蕊与雄蕊等长，子房椭圆形，柱头 2 裂。蒴果倒卵形，边缘及上端具翅。种子棕红色，多数，具网纹。花果期 4~5 月。

• 产地与生长环境　见于洞头区大竹峙岛。生于海边草丛中。

• 用途　花色艳丽，可作花坛、花镜植物。

链珠藤

Alyxia sinensis Champ. ex Benth.

•夹竹桃科 Apocynaceae　•链珠藤属 *Alyxia* Banks ex R. Br.

● 形态特征　常绿木质藤本，具乳汁。叶革质，对生或3枚轮生。聚伞花序腋生或近顶生；花小，长5~6mm；花冠先淡红色后褪变白色。核果卵形，长约1cm，直径0.5cm，有时2枚以上连接而种子间收缩成链珠状。花期4~9月，果期9~12月。

● 产地与生长环境　见于瑞安市铜盘山等海岛。生于灌木丛中。

● 用途　根有小毒，具有解热镇痛、消痈解毒作用。

鳝藤

Anodendron affine (Hook. et Arn.) Druce

●**夹竹桃科** Apocynaceae　●**鳝藤属** ***Anodendron*** **A. DC.**

● 形态特征　攀援灌木，有乳汁。叶长圆状披针形，长 3~10cm，宽 1.2~2.5cm，端部渐尖。聚伞花序总状式，顶生，小苞片甚多；花萼裂片经常不等长；花冠白色或黄绿色，裂片镰刀状披针形。蓇葖果为椭圆形，基部膨大，向上渐尖；种子棕黑色，有喙。花期 11 月至翌年 4 月，果期翌年 6~12 月。

● 产地与生长环境　见于瑞安市荔枝岛、平阳县柴峙岛等。生于灌丛中。

夹竹桃

Nerium oleander Linn.

• 夹竹桃科 Apocynaceae　• 夹竹桃属 *Nerium* Linn.

● 形态特征　常绿直立大灌木。叶 3~4 枚轮生，下部为对生，窄披针形，顶端急尖，基部楔形，叶缘反卷，长 11~15cm，宽 2~2.5cm；叶柄扁平；叶柄内具腺体。聚伞花序顶生，着花数朵；花芳香；花萼 5 深裂；花冠深红色或粉红色、白色或黄色，花冠为单瓣时呈 5 裂，其花冠为漏斗状，其花冠筒圆筒形，上部扩大呈钟形；花冠为重瓣时 15~18 枚，裂片组成三轮，内轮为漏斗状，外面二轮为辐状，分裂至基部或每 2~3 片基部连合。蓇葖果 2，离生，平行或并连。果期一般在冬春季，栽培很少结果。

● 产地与生长环境　原产伊朗、印度、尼泊尔。见于洞头区青山岛等海岛。栽植于道路旁、山坡。

● 用途　花大、花期长，为园林观赏植物；茎皮纤维为优良混纺原料；种子可榨油供制润滑油。全株有毒。

络石

Trachelospermum jasminoides (Lindl.) Lem.

●夹竹桃科 Apocynaceae　●络石属 *Trachelospermum* Lem.

● **形态特征**　常绿木质藤本，具乳汁。茎圆柱形，有皮孔。叶革质或近革质，顶端锐尖至渐尖或钝；叶柄内和叶腋外腺体钻形。二歧聚伞花序腋生或顶生，花多朵组成圆锥状，与叶等长或较长；花白色；总花梗长2~5cm；花萼5深裂，裂片线状披针形，基部具10枚鳞片状腺体；花蕾顶端钝，花冠筒圆筒形，中部膨大，花药箭头状，基部具耳。蓇葖双生，叉开，线状披针形，向先端渐尖，长10~20cm。花期5~6月，果期7~10月。

● **产地与生长环境**　温州沿海岛屿常见。生于路旁、林缘或杂木林中，常缠绕于树上或攀援于墙壁上、岩石上。

● **用途**　根、茎、叶、果实供药用。茎皮纤维拉力强，可制绳索、造纸及人造棉。花芳香，可提取“络石浸膏”。

匙羹藤

Gymnema sylvestre (Retz.) Schult.

• 萝藦科 Asclepiadaceae • 匙羹藤属 *Gymnema* R. Br.

● 形态特征 木质藤本，具乳汁。茎皮灰褐色，具皮孔。叶倒卵形或卵状长圆形；侧脉每边4~5条，弯拱上升；叶柄顶端具丛生腺体。聚伞花序伞状，腋生，比叶短；花小，绿白色；花冠绿白色，5裂片，钟状，裂片卵圆形；副花冠着生于花冠裂片弯缺下，厚而成硬条带。蓇葖卵状披针形，长5~9cm，基部膨大，顶部渐尖，外果皮硬。花期6~8月，果期10月至翌年1月。

● 产地与生长环境 温州沿海岛屿常见。生于山坡林中或灌木丛中。

● 用途 全株可药用。植株有小毒，孕妇慎用。

球兰

Hoya carnosa (Linn. f.) R. Br.

• 萝藦科 Asclepiadaceae • 球兰属 ***Hoya*** **R. Br.**

• 形态特征 攀援灌木。附生于树上或石上；茎节上生气根。叶对生，肉质，卵圆形至卵圆状长圆形，顶端钝，基部圆形；侧脉不明显，约有 4 对。聚伞花序伞状，腋生，着花约 30 朵；花白色；花冠辐状，花冠筒短，裂片内面多乳头状突起；副花冠星状，外角急尖。蓇葖线形，光滑，长 7.5~10cm。花期 4~6 月，果期 7~8 月。

• 产地与生长环境 见于苍南县琵琶山等海岛。附生于岩石上。

• 用途 园林观赏植物；全株可药用。

黑鳗藤

Jasminanthes mucronata (Blanco) W. D. Stev. et P. T. Li

• 萝藦科 Asclepiadaceae • 黑鳗藤属 *Jasminanthes* Bl.

• 形态特征 藤状灌木，长达 10m。茎被 2 列柔毛，枝被短柔毛。叶纸质，卵圆状长圆形，长 7~12cm，宽 4.5~8cm，基部心形；侧脉每边约 8 条，斜曲上升，在叶缘前网结；叶柄顶端具丛生腺体。聚伞花序假伞状，腋生或腋外生，通常着花 2~4 朵，稀多朵；花冠白色，含紫色液汁，花冠筒圆筒形，裂片 5，副花冠 5 裂，着生于雄蕊背面；雄蕊 5，与雌蕊黏生。蓇葖长披针形，长 12cm，直径 1cm，渐尖。花期 5~6 月，果期 9~10 月。

• 产地与生长环境 见于瑞安市大叉山岛等海岛。攀援于树木上。

• 用途 园林观赏植物。

萝藦

Metaplexis japonica (Thunb.) Makino

• **萝藦科** Asclepiadaceae • **萝藦属** ***Metaplexis*** **R. Br.**

• 形态特征 多年生缠绕草本，有乳汁。根细长，绳索状。茎圆柱形，中空。叶对生，卵状心形，顶端渐尖，背面粉绿色、无毛；叶柄顶端有丛生腺体。总状式聚伞花序腋生或腋外生，着花通常 13~15 朵；花蕾圆锥状，顶端尖；花冠白色，有淡紫红色斑纹，近辐状，花冠筒短，裂片 5，副花冠环状，着生于合蕊冠上，5 短裂；雄蕊 5，着生于花冠基部。蓇葖叉生，纺锤形，直径 2cm，顶端急尖，基部膨大。花期 7~8 月，果期 9~11 月。

• 产地与生长环境 见于洞头区北爿山岛、瑞安市王树段岛、平阳县大檑山岛等海岛。生于林边荒地、路旁灌木丛中。

• 用途 全株可药用。茎皮纤维坚韧，可造人造棉。

打碗花

Calystegia hederacea Wall. ex Roxb.

• **旋花科 Convolvulaceae** • **打碗花属 *Calystegia* R. Br.**

• 形态特征　一年生草本。全体不被毛，植株通常矮小，常自基部分枝，具细长白色的根。茎细，平卧，有细棱。基部叶片长圆形，顶端圆，基部戟形，上部叶片 3 裂，中裂片长圆形或长圆状披针形，侧裂片近三角形，全缘或 2~3 裂，叶片基部心形或戟形；叶柄长 1~5cm。花腋生，1 朵，花梗长于叶柄，有细棱；花冠淡紫色或淡红色，钟状，长 2~4cm。蒴果卵球形。花期 5~8 月，果期 8~10 月。

• 产地与生长环境　见于瑞安市铜盘山等海岛。生于路旁。

• 用途　根药用。

肾叶打碗花

Calystegia soldanella (Linn.) R. Br.

•旋花科 Convolvulaceae　•打碗花属 *Calystegia* R. Br.

- **形态特征**　多年生草本，全体近于无毛，具细长的根。茎细长，平卧，有细棱或有时具狭翅。叶肾形，质厚，顶端圆或凹，具小短尖头，全缘或浅波状；叶柄长于叶片，或从沙土中伸出很长。花腋生，1 朵，花梗长于叶柄，有细棱；花冠淡红色，钟状，长 4~5.5cm，冠檐微裂。蒴果卵球形。花期 5~7 月，果期 7~9 月。
- **产地与生长环境**　见于洞头区青山岛、瑞安市铜盘山岛，苍南县官山岛等海岛。生于海滨沙地或海岸岩石缝中。
- **用途**　可开发用于园林地被植物。

金灯藤

Cuscuta japonica Choisy

●**旋花科 Convolvulaceae** ●**菟丝子属 *Cuscuta* Linn.**

● 形态特征 一年生寄生草本。茎较粗壮，肉质，直径 1~2mm，黄色，常带紫红色瘤状斑点，无毛，无叶。穗状花序，基部常分枝；花无柄；花萼碗状，5 深裂，背面常有紫红色瘤状突起；花冠钟状，淡红色或绿白色，长 3~5mm，顶端 5 浅裂；雄蕊 5，鳞片 5，长圆形，边缘流苏状，伸长至管筒中部或中部以上；子房球状，2 室，花柱细长，合生为 1，与子房等长或稍长，柱头 2 裂。蒴果卵圆形，长约 5mm，近基部周裂。种子 1~2，光滑，长 2~2.5mm，褐色。花果期 8~10 月。

● 产地与生长环境 见于洞头本岛。寄生于山坡灌木上。

● 用途 种子药用，具滋补肝肾、固精缩尿、安胎、止泻功效。

马蹄金

Dichondra micrantha Urban

● **旋花科** Convolvulaceae　● **马蹄金属** *Dichondra* J. R. et. G. Forst.

● 形态特征　多年生匍匐小草本，茎细长，节上生根。叶肾形至圆形，先端宽圆形或微缺，基部阔心形，全缘；具长的叶柄。花单生叶腋，花柄短于叶柄，丝状；花冠钟状，较短至稍长于萼，黄色，深5裂，裂片长圆状披针形。蒴果近球形，直径约1.5mm，短于花萼。花期4~5月，果期6~8月。

● 产地与生长环境　温州沿海岛屿常见。生于山坡草地、路旁。

● 用途　全草供药用，有清热利尿、祛风止痛、止血生肌、消炎解毒、杀虫等功效；也常用作园林地被植物。

毛牵牛

Ipomoea biflora (Linn.) Pers.

•**旋花科** Convolvulaceae　•**番薯属** ***Ipomoea*** Linn.

• 形态特征　缠绕草本。茎有细棱，被灰白色倒向硬毛。叶心形或心状三角形。花序腋生，短于叶柄，通常着生 1~2 朵花；苞片小，线状披针形，萼片 5；花冠白色，狭钟状，长 1.2~1.5cm。蒴果近球形，径约 9mm，果瓣内面光亮。种子 4。花果期 9~11 月。

• 产地与生长环境　见于洞头大竹峙岛，瑞安铜盘山岛、长大山岛、下岙岛，平阳大檑山屿、柴峙岛，苍南县官山岛、琵琶山等海岛。生于山坡路旁。

• 用途　茎叶及种子可入药。

瘤梗甘薯

Ipomoea lacunosa Linn.

•旋花科 Convolvulaceae　•番薯属 *Ipomoea* Linn.

● 形态特征　缠绕草本。茎被稀疏的疣基毛。叶互生，叶卵形至宽卵形，长2~6cm，宽2~5cm，全缘，基部心形，先端具尾状尖，上面粗糙，下面光滑；叶柄无毛或有时具小疣。花序腋生，花序梗具棱，具瘤状突起，无毛；花冠漏斗状，无毛，白色、淡红色或淡紫红色。蒴果近球形，中部以上被毛，具花柱形成的细尖头，4瓣裂。花果期9~10月。

● 产地与生长环境　原产热带美洲，见于洞头本岛。生于路旁荒地。

厚藤

Ipomoea pes-caprae (Linn.) R. Br.

• **旋花科 Convolvulaceae** • **番薯属 *Ipomoea* Linn.**

• 形态特征　多年生草本，全株无毛。茎平卧，有时缠绕。叶肉质，干后厚纸质，顶端微缺或2裂，裂片圆，裂缺浅或深，有时具小凸尖，基部阔楔形、截平至浅心形；在背面近基部中脉两侧各有1枚腺体。多歧聚伞花序，腋生，有时仅1朵发育；花冠紫色或深红色，漏斗状，长4~5cm。蒴果球形，果皮革质，4瓣裂。种子三棱状圆形，密被褐色茸毛。花果期5~10月。

• 产地与生长环境　见于洞头区北小门岛，平阳县南麂岛、北关岛等海岛。生于沙滩及路边向阳处。

• 用途　茎、叶可作猪饲料；植株可作海滩固沙或覆盖植物。全草入药，有祛风除湿、拔毒消肿之效。

圆叶牵牛

Ipomoea purpurea (Linn.) Roth

- **旋花科 Convolvulaceae** - **番薯属 *Ipomoea* Linn.**

- 形态特征　一年生缠绕草本。茎上被倒向的短柔毛，杂有倒向或开展的长硬毛。叶圆心形或宽卵状心形，基部圆，心形，顶端锐尖、骤尖或渐尖，两面疏或密被刚伏毛；叶柄毛被与茎同。花腋生，单一或2~5朵着生于花序梗顶端成伞形聚伞花序，花序梗比叶柄短或近等长；花冠漏斗状，长4~6cm，紫红色、红色或白色，花冠管通常白色。蒴果近球形。种子卵状三棱形，黑褐色或米黄色，被极短的糠粃状毛。花期5~10月，果期8~11月。
- 产地与生长环境　原产热带美洲，见于洞头区大门岛，瑞安市王树段岛，平阳县大檑山屿，苍南县琵琶山岛、机星尾岛等海岛。生于山坡荒地、路旁。
- 用途　花大艳丽，是优良的园林垂直绿化材料；种子入药，有泻下利水、消肿散积之功效。

附地菜

Trigonotis peduncularis (Trev.) Benth. ex Bak.et Moore

●紫草科 Boraginaceae　●附地菜属 *Trigonotis* Stev.

● 形态特征　一年生或二年生草本。茎通常多条丛生，基部多分枝，被短糙伏毛。基生叶呈莲座状，有叶柄，叶片匙形，基部楔形或渐狭，两面被糙伏毛，茎上部叶长圆形或椭圆形，无叶柄或具短柄。花序生茎顶，幼时卷曲，后渐次伸长，长 5~20cm；花冠淡蓝色或粉色，5 裂，筒部甚短。小坚果 4，背面三角状卵形，具 3 锐棱。花果期 3~6 月。

● 产地与生长环境　见于苍南县机星尾岛、草屿岛等海岛。生于路边。

● 用途　全草入药，具温中健胃、消肿止痛、止血功效；嫩叶可供食用。

杜虹花

Callicarpa formosana Rolfe

● 马鞭草科 Verbenaceae　● 紫珠属 *Callicarpa* Linn.

● 形态特征　落叶灌木。全株密被灰黄色星状毛。叶对生，叶片纸质，卵状椭圆形或椭圆形，长 6~15cm，宽 3~8cm，顶端通常渐尖，基部钝或浑圆，表面被短硬毛，背面被灰黄色星状毛和细小黄色腺点，主脉、侧脉和网脉在背面隆起；叶柄粗壮，被灰黄色星状毛，长 1~2.5cm。聚伞花序密被灰黄色星状毛，4~5 次分歧，宽 3~4cm，花序梗长 1.5~2.5cm；苞片细小；花萼杯状，被灰黄色星状毛；花冠紫色或淡紫色，无毛，长约 2.5mm；雄蕊长约 5mm，花药椭圆形，药室纵裂；子房无毛。果实近球形，紫色，径约 2mm。花期 5~7 月，果期 8~11 月。

● 产地与生长环境　见于苍南县草屿岛。生于山坡、路旁灌丛中。

● 用途　叶入药，有散瘀消肿、止血镇痛功效。

老鸦糊

Callicarpa giraldii Hesse ex Rehd.

● 马鞭草科 Verbenaceae　● 紫珠属 *Callicarpa* Linn.

● 形态特征　落叶灌木。叶对生，叶片纸质，宽椭圆形至披针状长圆形，长 5~15cm，宽 2~7cm，顶端渐尖，基部楔形或下延成狭楔形，边缘有锯齿，表面有微毛，背面疏被星状毛和细小黄色腺点，主脉、侧脉和细脉在叶背隆起；叶柄长 1~2cm。聚伞花序 4~5 次分歧，宽 2~3cm，密被灰黄色星状毛；花萼钟状，疏被星状毛，老后常脱落，具黄色腺点，长约 1.5mm，萼齿钝三角形；花冠紫色，稍有毛，具黄色腺点，长约 3mm；雄蕊长约 6mm，花药卵圆形，药室纵裂，药隔具黄色腺点；子房被毛。果实球形，初时疏被星状毛，熟时无毛，紫色，径 2.5~4mm。花期 5~6 月，果期 7~11 月。

● 产地与生长环境　见于瑞安市凤凰山。生于疏林和灌丛中。

● 用途　全株入药，具清热、和血、解毒功效。

上狮紫珠

Callicarpa siongsaiensis Metc.

●马鞭草科 Verbenaceae　●紫珠属 *Callicarpa* Linn.

● **形态特征**　灌木。小枝灰黄色，疏生星状毛。叶片厚纸质，椭圆形或倒卵状椭圆形，长10~14cm，宽4~6cm，顶端渐尖或短尖，基部楔形至钝圆，边缘有不明显的疏齿或近全缘，表面无毛，背面近无毛，具细小黄色腺点；叶柄长1.5~2cm，上面有凹槽。聚伞花序3~5次分歧，宽2~4cm，着生于叶腋稍上方，花序梗疏被星状毛；果序梗粗壮，与叶柄近等长，果柄长约2mm，无毛；花萼杯状，顶端截头状，无毛。果实无毛，淡紫色，干后暗棕色，直径约3mm。花果期8~11月。

● **产地与生长环境**　见于瑞安市凤凰山、冬瓜屿、长大山、荔枝岛，平阳县南麂岛等海岛。生于山坡灌丛。

兰香草

Caryopteris incana Miq.

• 马鞭草科 Verbenaceae　• 莸属 *Caryopteris* Bunge

● **形态特征**　落叶小灌木。嫩枝圆柱形，略带紫色，被灰白色柔毛，老枝毛渐脱落。叶对生，叶片厚纸质，披针形至卵状长圆形，长 1.5~9cm，宽 0.8~4cm，顶端钝或尖，基部楔形或近圆形至截平，边缘有粗齿，被短柔毛，上表面色较淡，两面均有黄色腺点，背脉明显；叶柄长 0.3~1.7cm，被柔毛。聚伞花序腋生和顶生，无苞片和小苞片；花萼杯状，果萼长 4~5mm，外面密被短柔毛；花冠淡紫色或淡蓝色，二唇形，外面具短柔毛，花冠管长约 3.5mm，5 裂，下唇中裂片较大，边缘流苏状；雄蕊 4 枚，开花时与花柱均伸出花冠管外；子房顶端被短毛，柱头 2 裂。蒴果，倒卵状球形，被粗毛，直径约 2.5mm，果瓣有宽翅。花果期 6~10 月。

● **产地与生长环境**　见于洞头区东策岛，瑞安市北龙山，平阳县南麂岛、大檑山屿，苍南县官山岛等海岛。生于较干旱的山坡、路旁或林边。

● **用途**　全草药用，具疏风解表、祛痰止咳、散瘀止痛功效。

大青

Clerodendrum cyrtophyllum Turcz.

•马鞭草科 Verbenaceae　•大青属 *Clerodendrum* Linn.

● 形态特征　落叶灌木或小乔木。枝黄褐色，髓坚实、白色，幼枝被短柔毛；冬芽圆锥状，芽鳞褐色，被毛。叶片纸质，卵状椭圆形或长圆状披针形，长6~20cm，宽3~9cm，顶端渐尖或急尖，基部圆形或宽楔形，通常全缘，两面无毛或沿脉疏生短柔毛，背面有腺点；叶柄长1~8cm。伞房状聚伞花序顶生或腋生，长10~16cm，宽20~25cm；苞片线形；萼杯状，外面被黄褐色短茸毛和不明显的腺点，顶端5裂，裂片三角状卵形；花小，有桔香味；花冠白色，花冠管细长，外面疏生细毛和腺点，顶端5裂，裂片卵形；雄蕊4，花丝与花柱同伸出花冠外；柱头2浅裂。核果球形或倒卵形，径5~10mm，绿色，成熟时蓝紫色，为红色的宿萼所托。花果期6月至翌年2月。

● 产地与生长环境　见于乐清市大乌岛，洞头区青山岛、北小门岛、乌星岛，瑞安市王树段岛，苍南县官山岛、琵琶山。生于山地林下或溪谷旁。

● 用途　本种入药，根、叶有清热、泻火、利尿、凉血、解毒功效；嫩叶可供食用。

浙江大青

Clerodendrum kaichianum Hsu

• **马鞭草科** **Verbenaceae** • **大青属** ***Clerodendrum*** **Linn.**

● 形态特征　落叶灌木或小乔木。嫩枝略四棱形，密生黄褐色、褐色短柔毛；老枝褐色，髓白色，有淡黄色薄片状横隔。叶片厚纸质，椭圆状卵形或卵形，长 8~18cm，宽 5~11cm，顶端渐尖，基部宽楔形或近截形，两侧稍不对称，全缘，表面疏被短糙毛，背面仅沿脉疏被短糙毛，基部脉腋常有盘状腺体；叶柄长 3~6cm。伞房状聚伞花序顶生，自花序基部分 4~5 枝；苞片易脱落；花萼钟状，淡红色，外面疏生细毛和盘状腺点，顶端 5 裂，裂片三角形；花冠乳白色或淡红色，外面具腺点，花冠筒长 1~1.5cm，顶端 5 裂，裂片卵圆形或椭圆形；雄蕊 4，花丝伸出花冠外并长于花柱；柱头 2 裂。核果蓝绿色，倒卵状球形至球形，径 1cm，为紫红色的宿萼所托。花果期 6~10 月。

● 产地与生长环境　见于平阳县柴峙岛。生于山坡阔叶林或水边。

海州常山

Clerodendrum trichotomum Thunb.

●马鞭草科 Verbenaceae　●大青属 *Clerodendrum* Linn.

● **形态特征**　灌木或小乔木。幼枝、叶柄、花序轴等多少被黄褐色柔毛，或近于无毛，老枝具皮孔，髓白色，有淡黄色薄片状横隔。叶片纸质，卵形或卵状椭圆形，长 5~16cm，宽 2~13cm，顶端渐尖，基部宽楔形至截形，全缘或具波状齿，幼时两面被白色短柔毛，老时背面沿脉毛较密；叶柄长 2~8cm。伞房状聚伞花序顶生或腋生，通常二歧分枝；苞片叶状，椭圆形，早落；花萼绿白色，老后紫红色，基部合生，顶端 5 深裂，裂片三角状披针形或卵形；花香，花冠白色或带粉红色，花冠筒细，长约 2cm，顶端 5 裂，裂片长椭圆形；雄蕊 4，花丝与花柱同伸出花冠外；柱头 2 裂。核果近球形，径 6~8mm，包藏于宿萼内，成熟时蓝紫色。花果期 6~12 月。

● **产地与生长环境**　温州沿海岛屿常见。生于山坡灌丛中。

● **用途**　叶、根或全株可供药用；花量繁多，果实及宿存萼片颜色艳丽，可供观赏。

豆腐柴

Premna microphylla Turcz.

• 马鞭草科 Verbenaceae　• 豆腐柴属 *Premna* Linn.

• **形态特征**　落叶灌木。幼枝被柔毛，老枝渐无毛。叶对生，叶片纸质，揉后有气味，卵状披针形、椭圆形或卵形，长 3~13cm，宽 1.5~6cm，顶端急尖至长渐尖，基部下延，全缘或不规则粗齿；叶柄长 0.5~1.5cm。聚伞花序组成塔形的圆锥花序，顶生；花萼杯状，绿色，5 浅裂，密被毛至几无毛，但边缘常有睫毛；花冠略二唇形，淡黄色，4 浅裂，外被柔毛和腺点，花冠内部有柔毛，以喉部较密。核果球形至倒卵形，紫色。花期 4~6 月，果期 8~10 月。

• **产地与生长环境**　见于乐清市大乌岛，洞头区东策岛、青山岛、鸭屿岛、黄狗盘屿、乌星岛、小乌星岛。生于坡林下或林缘灌丛。

• **用途**　叶富含果胶，可制豆腐，供食用；根、茎、叶入药，具清热解毒、消肿止血功效。

马鞭草

Verbena officinalis Linn.

●马鞭草科 Verbenaceae　●马鞭草属 *Verbena* Linn.

● 形态特征　多年生草本。茎四棱形，近基部可为圆形，节和棱上被硬毛。叶对生，基生叶卵圆形或长圆状披针形，边缘有粗锯齿和缺刻，茎生叶多数3深裂或羽状深裂，边缘有不整齐锯齿，两面均被硬毛，背面脉上尤多；基部楔形下延。穗状花序顶生和腋生，花时伸长至25cm；花小，无柄，初密集，果时疏离；苞片稍短于花萼，被硬毛；花萼顶端5裂，被硬毛；花冠淡紫至蓝色，长4~8mm，5裂，外面被微毛；雄蕊4，花丝短，着生于花冠管的中部。果长圆形，长约2mm，外果皮薄，成熟时4瓣裂。花果期4~10月。

● 产地与生长环境　见于平阳县大檑山屿，苍南县官山岛等海岛。生于路边、山坡、溪边或林旁。

● 用途　全草供药用，具清热解毒、活血散瘀、利水消肿功效。

牡荆

Vitex negundo Linn. var. *cannabifolia* (Sieb. et Zucc.) Hand. -Mazz.

●马鞭草科 Verbenaceae　●牡荆属 *Vitex* Linn.

● **形态特征**　落叶灌木或小乔木。具香气。小枝四棱形，密被灰黄色短柔毛。叶对生，掌状复叶，小叶 3~5；小叶披针形或椭圆状披针形，顶端渐尖，基部楔形，边缘有粗锯齿，表面绿色，背面淡绿色，被稀疏短柔毛。圆锥状聚伞花序顶生，长 10~20cm；花序梗密被灰白色绒毛；花萼钟状，顶端 5 浅裂；花冠淡紫色，顶端 5 裂，二唇形，花冠筒略长于花萼；雄蕊与花柱均伸出花冠筒外。核果近球形，黑色。花期 6~7 月，果期 8~11 月。

● **产地与生长环境**　见于乐清市大乌岛，洞头区东策岛、北小门岛、青山岛、鸭屿岛等海岛。生于山坡路边灌丛中。

● **用途**　树姿优美，老桩奇特，是树桩盆景的优良树种；花和枝叶可提取芳香油；根、茎、叶果实均可供药用。

单叶蔓荆

Vitex rotundifolia Linn. f.

●马鞭草科 Verbenaceae　●牡荆属 *Vitex* Linn.

● 形态特征　藤状落叶灌木。具香气。茎匍匐，节上生不定根。小枝四棱形，密被细柔毛。单叶对生，倒卵形或近圆形，顶端圆钝，基部楔形至圆形，全缘，上面绿色，被微柔毛，下面灰绿色，密被灰白色短绒毛。圆锥花序顶生，花梗密被灰白色短绒毛；花萼钟状，顶端 5 浅裂，外面密被灰白色短绒毛；花冠淡紫色或蓝紫色，顶端 5 裂，二唇形，下唇中裂片较大；雄蕊 4，与花柱均伸出花冠筒外。浆果近球形，熟时黑色。花果期 7~12 月。

● 产地与生长环境　温州沿海岛屿常见。生于海滨沙滩、海岸岩石缝及灌草丛中。

● 用途　滨海防沙造林树种；根、叶、果实可供药用。

金疮小草

Ajuga decumbens Thunb.

•唇形科 Labiatae　•筋骨草属 *Ajuga* Linn.

● 形态特征　一或二年生草本。具匍匐茎，茎长 10~20cm，被白色长柔毛。叶基生和茎生，叶片薄纸质，基生叶较茎生叶多、大，匙形或倒卵状披针形，长 3~6cm，宽 1~3cm，顶端钝至圆形，基部渐狭，下延，边缘具不整齐的波状圆齿或近全缘，具缘毛，两面被疏柔毛，脉上尤密。轮伞花序多花，排列成间断长 6~12cm 的穗状花序；下部苞叶与茎叶同形，上部苞叶披针形；花梗短；花萼漏斗状，5 裂，狭三角形或短三角形，外面仅边缘被疏柔毛，内面无毛；花冠白色或淡紫色，筒状，外面被疏柔毛，内面仅冠筒被疏微柔毛，近基部有毛环，冠檐二唇形，上唇短，顶端微缺，下唇宽大，3 裂；雄蕊 4；花柱 2 浅裂。小坚果倒卵状三棱形，背部具网状皱纹。花期 3~7 月，果期 5~11 月。

● 产地与生长环境　见于平阳县大檑山屿，苍南县官山岛、机星尾岛、星仔岛等海岛。生于溪边、路旁及湿润的草坡上。

● 用途　全草入药。

风轮菜

Clinopodium chinense (Benth.) Kuntze

• **唇形科 Labiatae** • **风轮菜属 *Clinopodium* Linn.**

• 形态特征　多年生草本。茎基部匍匐生根，四棱形，密被短柔毛及腺毛。叶对生，叶片坚纸质，卵圆形，长 2~4cm，宽 1~2.6cm，顶端急尖或钝，基部阔楔形，边缘具圆齿状锯齿，上面密被短硬毛，下面被疏柔毛；叶柄长 3~8mm。轮伞花序多花密集，半球状；苞叶叶状，向上渐小至苞片状，苞片针状，极细，中脉不显，被柔毛状缘毛及微柔毛；总梗长 1~2mm，分枝多数，花梗长约 2.5mm；花萼狭管状，常染紫红色，长约 6mm，13 脉，沿脉疏被柔毛，萼齿 5 裂，上唇 3 齿，先端硬尖，下唇 2 齿，齿稍长，先端芒尖。花冠紫红色，长约 9mm，外面被微柔毛，内面喉部具茸毛，二唇形，上唇直伸，先端微缺，下唇 3 裂，中裂片稍大；雄蕊 4；花柱 2 浅裂。小坚果倒卵形，黄褐色。花期 5~8 月，果期 8~10 月。

• 产地与生长环境　见于洞头区大竹峙岛、青山岛，瑞安市大明甫、大叉山，平阳县大檑山屿、柴峙岛，苍南县官山岛等海岛。生于山坡、草丛、路边、沟边、灌丛、林下。

• 用途　全株入药，具清热解毒、凉血止血等功效。

细风轮菜

Clinopodium gracile (Benth.) Kuntze.

• 唇形科 Labiatae　• 风轮菜属 *Clinopodium* Linn.

● 形态特征　纤细草本。茎柔弱，上升，不分枝或基部具分枝，四棱形，具槽，被倒向的短柔毛。叶片薄纸质，卵形或圆卵形，长 1~3cm，先端钝，基部圆形或楔形，边缘具疏牙齿或圆齿状锯齿，上面近无毛，下面脉上被疏短硬毛；叶柄长 0.3~1.8cm。轮伞花序分离或密集，于茎端成短总状花序；苞片针状；花梗长 1~3mm，被微柔毛。花萼管状，长约 5mm，13 脉，外面沿脉上被短硬毛，内面喉部被稀疏微柔毛，上唇 3 齿短，三角形，下唇 2 齿略长，先端钻状。花冠紫红色至淡红色，外面被微柔毛，内面在喉部被微柔毛，冠檐二唇形，上唇直伸，先端微缺，下唇 3 裂，中裂片较大；雄蕊 4；花柱 2 浅裂。小坚果卵球形，褐色，光滑。花期 6~8 月，果期 8~10 月。

● 产地与生长环境　见于瑞安市长大山。生于路旁沟边、空旷草地。

● 用途　全草入药，具清热解毒、消肿止痛等功效。

小野芝麻

Galeobdolon chinense (Benth.) C. Y. Wu

• 唇形科 Labiatae　• 小野芝麻属 *Galeobdolon* Adans.

• **形态特征**　一年生草本。根有时具块根。茎四棱形，具槽，密被污黄色茸毛。叶片草质，卵圆形、卵圆状长圆形至阔披针形，长 1.5~7cm，宽 1~2.5cm，顶端钝至急尖，基部阔楔形，边缘具圆齿状锯齿，上面密被贴生的纤毛，下面被污黄色绒毛；叶柄长 5~15mm。轮伞花序 2~4 花；苞片极小，线形，长约 6mm，早落；花萼管状钟形，长约 1.5cm，外面密被绒毛，萼齿 5 裂，披针形，长 4~6mm，先端渐尖呈芒状；花冠粉红色，长约 2cm，外面被白色长柔毛，冠筒内面下部有毛环，冠檐二唇形，上唇倒卵圆形，下唇 3 裂，中裂片较大；雄蕊 4；花柱 2 浅裂。小坚果三棱状倒卵圆形，长约 2mm。花期 3~5 月，果期在 6 月以后。

• **产地与生长环境**　见于洞头区乌星岛。生于路旁、疏林中。

活血丹

Glechoma longituba (Nakai) Kupr.

● **唇形科** Labiatae ● **活血丹属** ***Glechoma*** **Linn.**

● 形态特征 多年生草本。具匍匐茎，逐节生根，四棱形，基部通常呈淡紫红色，几无毛，幼嫩部分被疏长柔毛。叶片草质，心形或近肾形，长 1~3cm，宽 1~4cm，边缘具圆齿或粗锯齿状圆齿，上面被疏粗伏毛或微柔毛，下面常带紫色，被疏柔毛或长硬毛。轮伞花序通常 2 花，稀具 4~6 花；苞片及小苞片线形，被缘毛；花萼管状，5 裂，长 9~11mm，外面被长柔毛，内面被微柔毛，上唇 3 齿，较长，下唇 2 齿，略短，先端芒状，具缘毛；花冠淡蓝、蓝至紫色，下唇具深色斑点，冠檐二唇形，上唇直立，裂片近肾形，下唇 3 裂，中裂片最大，肾形，先端凹入；雄蕊 4；花柱 2 裂。小坚果深褐色，长圆状卵形，长约 1.5mm。花期 4~5 月，果期 5~6 月。

● 产地与生长环境 见于瑞安市北龙山。生于疏林下、溪边等阴湿处。

● 用途 民间广泛用全草或茎叶入药。

宝盖草

Lamium amplexicaule Linn.

• 唇形科 Labiatae　• 野芝麻属 *Lamium* Linn.

• 形态特征　一年生或二年生矮小草本。基部多分枝，常带紫色。叶片圆形或肾形，长 0.5~2cm，宽 1~2.5cm，顶端圆，基部截形或心形，边缘具深圆齿或浅裂，两面有伏毛，下部叶有长柄，上部叶近无柄而半抱茎。轮伞花序具 6~10 花，其中常有闭花授精的花；花萼管状钟形，长 4~6mm，外面被白色长柔毛，萼齿 5；花冠紫红色或粉红色，长约 1.5cm，冠筒基部无毛环，冠檐二唇形，上唇直伸，下唇稍长，3 裂，中裂片倒心形，先端深凹。小坚果倒卵状三棱形，表面有白色疣状突起，长约 2mm。花果期 3~6 月。

• 产地与生长环境　见于瑞安市北麂岛，平阳县大檑山屿。生于路旁、宅旁荒地。

野芝麻

Lamium barbatum Sieb. et Zucc.

●唇形科 Labiatae ●野芝麻属 *Lamium* Linn.

● 形态特征　多年生草本。茎四棱形，具浅槽，中空，几无毛。叶片草质，卵状心形或卵状披针形，长 4~8cm，宽 3~5cm，顶端尾状渐尖，基部心形，边缘牙齿状锯齿，两面均被短硬毛；叶柄长达 7cm，至上部渐短。轮伞花序 4~14 花，生于茎上部叶腋；苞片狭线形或丝状，长 2~3mm，锐尖，具缘毛；花萼钟形，长约 1.5cm，外面疏被伏毛，萼齿披针状钻形，具缘毛；花冠白或浅黄色，长约 2cm，外面在上部被疏硬毛，内面冠筒近基部有毛环，冠檐二唇形，上唇直立，先端圆形或微缺，边缘具缘毛及长柔毛，下唇 3 裂，中裂片倒肾形，先端深凹；雄蕊 4；花柱 2 浅裂。小坚果倒卵圆形，长约 3mm，淡褐色。花期 4~6 月，果期 7~8 月。

● 产地与生长环境　见于洞头区黄泥山屿。生于溪旁及荒坡上。

● 用途　全株入药。

滨海白绒草

Leucas chinensis (Retz.) R. Br.

●唇形科 Labiatae　●绣球防风属 *Leucas* R. Br.

● 形态特征　灌木。茎基部木质，四棱形，略具沟槽，密生白色向上平伏绢状绒毛。叶纸质，无柄或近于无柄，卵圆状圆形，长0.8~1.3cm，宽0.6~1cm，顶端钝，基部宽楔形、圆形或近心形，基部以上具圆齿状锯齿，两面均被白色平伏绢状茸毛。轮伞花序腋生，具3~8花，密被平伏绢状茸毛；苞片线形，细小，长2~3mm，密被平伏绢状茸毛；花萼管状钟形，长约5mm，外面密被绢状茸毛，内面上部密被平伏绢毛，齿10，长三角形，近等大；花冠白色，长约1.1cm，冠筒细长，外面无毛，内面有稀疏毛环，冠檐二唇形，上唇直伸，盔状，外被白色长柔毛，内面无毛，下唇开张，3裂，中裂片最大；雄蕊4；花柱先端极不相等2裂。花期11~12月，果期12月。

● 产地与生长环境　温州沿海岛屿常见。生于向阳的海滨荒地上。

硬毛地笋

Lycopus lucidus Turcz. var. hirtus Regel

• 唇形科 Labiatae • 地笋属 *Lycopus* Linn.

● 形态特征 多年生直立草本。具横走的根状茎。茎通常不分枝，棱上被向上小硬毛，节通常带紫红色，密被硬毛。叶片披针形，多少弧弯，长 4~10cm，宽 1~2.5cm，上面及下面脉上被刚毛状硬毛，下面散生凹陷腺点，边缘具缘毛及锐锯齿。轮伞花序无总梗，圆球形，花期时直径 1.2~1.5cm，多花密集；花萼钟形，长约 5mm，两面无毛，外面具腺点，萼齿 5；花冠白色，长约 5mm，内面在喉部具白色短柔毛，冠檐不明显二唇形，上唇近圆形，下唇 3 裂，中裂片较大；雄蕊仅前对能育，后对退化，先端棍棒状。小坚果倒卵圆状四边形，褐色，长约 1.6mm。花期 7~10 月，果期 9~11 月。

● 产地与生长环境 见于瑞安市北龙山、苍南县官山岛等海岛。生于水沟边等潮湿处。

● 用途 全草入药，具活血祛瘀、通经行水功效。

小鱼仙草

Mosla dianthera (Buch.-Ham.) Maxim.

●唇形科 Labiatae ●石荠苎属 *Mosla* Buch.-Ham. ex Maxim.

● 形态特征 一年生草本。茎四棱形，具浅槽，近无毛，多分枝。叶片纸质，卵状披针形或菱状披针形，长 1.2~3.5cm，宽 0.5~1.8cm，顶端渐尖或急尖，基部渐狭，边缘具锐尖的疏齿，两面无毛或近无毛，下面散布凹陷腺点；叶柄长 3~18mm。总状花序顶生，长 3~15cm；苞片针状或线状披针形，先端渐尖，基部阔楔形，具肋，近无毛；花梗长 1mm，果时伸长至 4mm；花萼钟形，长约 2mm，外面脉上被短硬毛，萼檐二唇形，上唇 3 齿，卵状三角形，下唇 2 齿，披针形；花冠淡紫色，长 4~5mm，外面被微柔毛，冠檐二唇形，上唇微缺，下唇 3 裂，中裂片较大；雄蕊 4；花柱先端相等 2 浅裂。小坚果灰褐色，近球形，直径 1~1.6mm，具疏网纹。花果期 5~11 月。

● 产地与生长环境 见于洞头区大竹峙岛，瑞安市铜盘山、长大山、王树段岛等海岛。生于山坡、路旁或水边。

● 用途 全草入药。

杭州荠苧

Mosla hangchowensis Matsuda

• 唇形科 Labiatae　• 石荠苧属 *Mosla* Buch.-Ham. ex Maxim.

● 形态特征　一年生草本。茎多分枝，分枝纤弱，茎、枝均四棱形，被短柔毛及棕色腺体，有时混生平展疏柔毛。叶片纸质，披针形，长 1.5~4cm，宽 0.5~1.5cm，顶端急尖，基部宽楔形，边缘具疏锯齿，两面均被短柔毛及满布棕色凹陷腺点；叶柄长 0.5~1.4cm。总状花序顶生，长 1~4cm；苞片大，宽卵形或近圆形，长 5~6mm，先端急尖或尾尖，下面具凹陷腺点，边缘具睫毛；花梗短，被短柔毛；花萼钟形，长约 3.5mm，外面被疏柔毛，内面无毛，萼齿 5，披针形，下萼 2 齿略长；花冠紫色，外面被短柔毛，内面略被短柔毛，冠檐二唇形，上唇微缺，下唇 3 裂，中裂片大，反折向下，圆形；雄蕊 4；花柱先端近相等 2 裂。小坚果球形，直径约 2.1mm，淡褐色。花果期 6~10 月。

● 产地与生长环境　见于洞头区大竹峙岛、东策岛，瑞安市王树段儿屿、山姜屿等海岛。生于路旁、山坡、岩石缝。

长苞荠苎

Mosla longibracteata (C. Y. Wu et Hsuan) C. Y. Wu et H. W. Li

• **唇形科** Labiatae　• **石荠苎属** ***Mosla*** **Buch.-Ham. ex Maxim.**

● 形态特征　一年生草本。茎四棱形，棱及节上被倒生短硬毛。叶片纸质，倒卵形或菱形，长 1.5~3.5cm，宽 1~1.5cm，顶端钝，基部渐狭，下延成长 6~12mm 的柄，边缘在中部以上具圆齿状锯齿，两面均无毛，下面疏被腺点。总状花序顶生，长 6~11cm；苞片卵状披针形至披针形，长 4~6.5mm，有时最下部的叶状，远较花梗长；花萼钟形，长约 2.7mm，外面被微柔毛，沿脉被倒生短硬毛，满布黄色腺点，萼齿 5，上唇 3 齿呈钝三角形，中齿极小，下唇 2 齿披针形，其长微超过前者；花冠淡粉红色或淡紫红色。小坚果黄褐色，近球形，直径约 1.5mm。花期 9~10 月，果期 10 月以后。

● 产地与生长环境　见于洞头本岛。生于山坡、河边。

石荠苧

Mosla scabra (Thunb.) C. Y. Wu et H. W. Li

• 唇形科 Labiatae　• 石荠苧属 *Mosla* Buch.-Ham. ex Maxim.

● 形态特征　一年生草本。茎多分枝，分枝纤细，茎、枝均四棱形，具细条纹，密被短柔毛。叶片纸质，卵形或卵状披针形，长 1.5~3.5cm，宽 0.5~2cm，顶端急尖或钝，基部圆形或宽楔形，边缘锯齿状，上面被灰色微柔毛，下面被极疏短柔毛或近无毛，密布凹陷腺点；叶柄长 3~16mm。总状花序顶生，长 2.5~15cm；苞片卵形，长 2.7~3.5mm，先端尾状渐尖；花梗长约 1mm，果时长至 3mm，与序轴密被灰白色小疏柔毛；花萼钟形，长约 2.5mm，二唇形，上唇 3 齿呈卵状披针形，先端渐尖，中齿略小，下唇 2 齿，线形，先端锐尖；花冠粉红色，长 4~5mm，冠檐二唇形，上唇直立，先端微凹，下唇 3 裂，中裂片较大，边缘具齿；雄蕊 4；花柱先端相等 2 浅裂。小坚果黄褐色，球形，直径约 1mm。花期 5~11 月，果期 9~11 月。

● 产地与生长环境　温州沿海岛屿常见。生于山坡、路旁或灌丛下。

● 用途　全草入药，全草具杀虫功效。

苏州荠苧

Mosla soochowensis Matsuda

• **唇形科** Labiatae　• **石荠苧属** ***Mosla*** Buch.-Ham. ex Maxim.

• 形态特征　一年生草本。茎纤细，多分枝，疏被短柔毛。叶片线状披针形或披针形，长 1.2~4cm，宽 2~6mm，边缘具细锯齿，上面被微柔毛，下面脉上被极疏短硬毛，满布深凹腺点。总状花序长 2~5cm，疏花；苞片小，近圆形至卵形，长 1.5~2.5mm，先端尾尖，上面被微柔毛，下面满布凹陷腺点，花后常向下反曲；花梗纤细，长 1~3mm，果时伸长，被微柔毛；花萼钟形，长约 3mm，外面疏被柔毛及黄色腺体，萼齿 5，二唇形，果时花萼增大，基部前方呈囊状；花冠淡紫色或白色，长 6~7mm，外面被微柔毛。小坚果球形，褐色或黑褐色，直径约 1mm。花果期 7~10 月。

• 产地与生长环境　见于瑞安市王树段儿屿、平阳县南麂列岛等海岛。生于林下、路旁、海岸灌草丛中。

紫苏

Perilla frutescens (Linn.) Britt.

• **唇形科 Labiatae** • **紫苏属 *Perilla* Linn.**

• 形态特征　一年生直立草本。茎钝四棱形，具四槽，密被长柔毛。叶片膜质或草质，阔卵形或圆形，长 7~13cm，宽 4.5~10cm，顶端短尖或突尖，基部圆形或阔楔形，边缘有粗锯齿，两面绿色或紫色，或仅下面紫色，上面被疏柔毛，下面被贴生柔毛；叶柄长 3~5cm。轮伞花序 2 花，组成长 1.5~15cm、密被长柔毛、偏向一侧的顶生及腋生总状花序；苞片宽卵圆形或近圆形，长宽约 4mm，先端具短尖；花梗长 1.5mm；花萼钟形，长约 3mm，果时增长至 1.1cm，萼檐二唇形，上唇 3 齿，中齿较小，下唇 2 齿，齿披针形；花冠白色至紫红色，长 3~4mm，外面略被微柔毛，冠檐近二唇形，上唇微缺，下唇 3 裂，中裂片较大；雄蕊 4；花柱先端相等 2 浅裂。小坚果近球形，灰褐色，直径约 1.5mm。花期 8~11 月，果期 8~12 月。

• 产地与生长环境　见于瑞安市长大山、王树段岛，苍南县琵琶山等海岛。生于路旁及田野。

• 用途　叶、梗、果实均可入药，具解表散寒、和胃宽中、镇咳平喘等功效；嫩叶可生食、做汤，又可作烹饪香料；种子可榨油，供食用，又有防腐作用。

夏枯草

Prunella vulgaris Linn.

•唇形科 Labiatae　•夏枯草属 *Prunella* Linn.

- **形态特征**　多年生草本。根茎匍匐，节上生须根。茎钝四棱形，具浅槽，紫红色，被稀疏糙毛或近无毛。叶片草质，卵状长圆形或卵圆形，长 1.5~6cm，宽 0.7~2.5cm，顶端钝，基部圆形至宽楔形，下延至叶柄成狭翅，边缘具不明显的波状齿或近全缘，几无毛或上面具短硬毛；叶柄长 0.7~2.5cm。轮伞花序密集组成顶生穗状花序，长 2~4cm；每一轮伞花序下承以苞片，苞片宽心形，先端锐尖；花萼钟形，长约 10mm，二唇形，上唇具 3 个不明显短齿，中齿宽大，下唇 2 深裂；花冠紫、蓝紫或红紫色，长约 13mm，冠檐二唇形，上唇近圆形，先端微缺，下唇 3 裂，中裂片较大，先端边缘具流苏状小裂片；雄蕊 4；花柱先端相等 2 裂。小坚果长圆状卵珠形，黄褐色，长 1.8mm。花期 4~6 月，果期 7~8 月。
- **产地与生长环境**　见于洞头区北爿山岛、瑞安市北龙山等海岛。生于荒坡、草地、溪边及路旁等湿润地上。
- **用途**　全株入药。

南丹参

Salvia bowleyana Dunn

• 唇形科 Labiatae • 鼠尾草属 *Salvia* Linn.

• **形态特征** 多年生草本。根肥厚，外表红赤色，切面淡黄色。茎钝四棱形，具槽，被向下长柔毛。羽状复叶，叶片草质，长 10~20cm，小叶 5~9，顶生小叶卵圆状披针形，长 4~7.5cm，宽 2~4.5cm，顶端渐尖或尾状渐尖，基部圆形、浅心形或稍偏斜，边缘具圆锯齿，两面脉上被疏柔毛，侧生小叶较小，基部偏斜；叶柄长 4~6cm。轮伞花序多花，组成长 14~30cm 顶生总状花序或总状圆锥花序；苞片披针形；花梗长约 4mm；花萼筒形，长 8~10mm，外面被柔毛，内面喉部被毛，二唇形，上唇靠合 3 小齿，下唇浅裂成 2 齿；花冠淡紫、紫红至蓝紫色，长 1.9~2.4cm，外被微柔毛，内面具毛环，冠檐二唇形，上唇先端深凹，下唇 3 裂，中裂片最大；能育雄蕊 2；花柱先端不相等 2 浅裂。小坚果椭圆形，褐色，长约 3mm。花期 3~7 月，果期 7~8 月。

• **产地与生长环境** 见于瑞安市王树段岛。生于林下水边。

• **用途** 根入药，具祛瘀生新、活血调经、养血安神功效。

鼠尾草

Salvia japonica Thunb.

● **唇形科 Labiatae** ● **鼠尾草属 *Salvia* Linn.**

● 形态特征　一年生草本。茎钝四棱形，沿棱被疏长柔毛或近无毛。叶片草质，茎下部叶为二回羽状复叶，长6~10cm，宽5~9cm，叶柄长7~9cm；茎上部叶为一回羽状复叶，长约10cm，宽3.5cm，具短柄；顶生小叶披针形或菱形，顶端渐尖或尾状渐尖，基部长楔形，边缘具钝锯齿，两面被疏柔毛或无毛，侧生小叶卵圆状披针形，顶端锐尖或短渐尖，基部偏斜近圆形，近无柄。轮伞花序2~6花，组成顶生总状花序或总状圆锥花序；苞片披针形；花梗长1~1.5mm，与花序轴均密被柔毛；花萼筒形，长4~6mm，外面疏被具腺疏柔毛，二唇形，上唇先端具3个小尖头，下唇半裂成2齿；花冠淡红紫色至淡蓝色，长约12mm，外面密被长柔毛，冠檐二唇形，上唇先端微缺，下唇3裂，中裂片较大；能育雄蕊2；花柱先端不相等2裂。小坚果椭圆形，褐色，长约1.7mm。花期5~9月，果期7~9月。

● 产地与生长环境　见于瑞安市大叉山、王树段岛。生于山坡、荫蔽草丛，水边及林荫下。

荔枝草

Salvia plebeia R. Br.

•唇形科 Labiatae　•鼠尾草属 *Salvia* Linn.

● 形态特征　二年生草本。茎被倒向灰白色疏柔毛。叶片草质，椭圆状卵圆形或椭圆状披针形，长 2~6cm，宽 0.8~2.5cm，顶端钝或急尖，基部圆形或楔形，边缘具圆齿，两面被短柔毛，下面散布黄褐色腺点；叶柄长 4~15mm。轮伞花序 6 花，密集成长 10~25cm 顶生总状或总状圆锥花序；苞片披针形；花梗长约 1mm，与花序轴密被疏柔毛；花萼钟形，长约 2.7mm，外面被疏柔毛，散布黄褐色腺点，二唇形，上唇先端具 3 个小尖头，下唇深裂成 2 齿；花冠淡红、淡紫或蓝紫色，稀白色，长 4.5mm，冠筒内面有毛环，冠檐二唇形，外面密被微柔毛，上唇先端微凹，下唇 3 裂，中裂片最大，顶端微凹或呈浅波状；能育雄蕊 2；花柱先端不相等 2 裂。小坚果倒卵圆形，直径 0.4mm。花期 4~6 月，果期 6~7 月。

● 产地与生长环境　见于苍南县草屿岛。生于山坡、路旁及荒野潮湿处。

● 用途　全草入药。

蔓茎鼠尾草 （荔枝肾）

Salvia substolonifera E. Peter

•唇形科 Labiatae　•鼠尾草属 *Salvia* Linn.

- 形态特征　一年生草本。茎四棱形，具浅槽，被短柔毛。叶有根出及茎生，根出叶多为单叶，茎生叶为单叶或三出叶或 3 裂；单叶叶片卵圆形，长 1~3cm，宽 0.8~2cm，顶端圆形，基部截形或圆形，边缘具圆齿，两面近无毛或仅沿脉上被微硬毛；三出叶或 3 裂时，小叶卵圆形，顶生叶较大，侧生叶小许多，小叶柄短或至无；叶柄长 0.6~6cm。轮伞花序 2~8 花，组成长 7~15cm 的顶生或腋生总状花序，或三叉状的总状圆锥花序；花萼钟形，果时增大，外面被微柔毛及腺点，二唇形，上唇全缘或具不明显二齿，下唇深裂成 2 齿；花冠淡红或淡紫色，长 5~7mm，外面略被微柔毛，冠筒钟形，冠檐二唇形，上唇先端微凹，下唇 3 裂，中裂片较大；能育雄蕊 2；花柱 2 裂。小坚果卵圆形，淡褐色，长 1.5mm。花期 3~5 月，果期 4~6 月。
- 产地与生长环境　见于瑞安市北龙山。生于沟边、石隙等潮湿地。
- 用途　全草入药。

印度黄芩 （韩信草）

Scutellaria indica Linn.

●唇形科 Labiatae ●黄芩属 *Scutellaria* Linn.

● 形态特征　多年生草本。茎四棱形，通常带暗紫色，被微柔毛。叶片草质至近坚纸质，卵圆形至椭圆形，长 1.5~4.5cm，宽 1.2~3.5cm，顶端钝或圆，基部圆形、浅心形至心形，边缘密生整齐圆齿，两面被微柔毛或糙伏毛；叶柄长 0.5~2.5cm。花对生，排列成长 4~10cm 的顶生总状花序；花梗长 2.5~3mm，与序轴均被微柔毛；花萼被硬毛及微柔毛，开花时长约 2.5mm，果时增大至 4mm；花冠蓝紫色，长 1.5~2cm，外疏被微柔毛，内面仅唇片被短柔毛，冠檐 2 唇形，上唇先端微缺，下唇中裂片先端微缺，具深紫色斑点；雄蕊 4。小坚果卵形，栗色或暗褐色，长约 1mm。花期 4~5 月，果期 5~9 月。

● 产地与生长环境　温州沿海岛屿常见。生于山坡疏林下、灌丛中、路旁及草丛。

● 用途　全草入药。

田野水苏

Stachys arvensis Linn.

• 唇形科 Labiatae　• 水苏属 *Stachys* Linn.

● 形态特征　一年生草本。茎纤弱，多分枝，四棱形，具浅槽，疏被柔毛。叶卵圆形，长约 2cm，宽约 1cm，顶端钝，基部心形，边缘具圆齿，两面被柔毛。轮伞花序腋生，2~4 花；苞片线形，细小，长约 1mm，被柔毛；花梗长约 1mm，被柔毛；花萼管状钟形，外面密被柔毛，内面在上部被柔毛，齿 5，近等大，披针状三角形，长约 1mm，先端锐尖，果时花萼增大；花冠红色，长约 3mm，冠筒内藏，冠檐二唇形，上下唇近等长，上唇卵圆形，下唇 3 裂，中裂片较大；雄蕊 4；花柱先端不相等 2 浅裂。小坚果卵圆状，棕褐色，长约 1.5mm。花果期全年。

● 产地与生长环境　见于瑞安市北龙山、长大山，苍南县草屿岛等海岛。生于荒地、路旁及废弃农田。

红丝线

Lycianthes biflora (Lour.) Bitter

• 茄科 Solanaceae • 红丝线属 *Lycianthes* (Dunal) Hassl.

• **形态特征** 亚灌木。小枝、叶下面、叶柄、花梗及萼的外面密被淡黄色的单毛及 1~2 分枝或树枝状分枝的茸毛。上部叶常假双生，大小不相等；叶片膜质，全缘，大叶片椭圆状卵形，偏斜，顶端渐尖，基部楔形下延至叶柄成窄翅，长 9~15cm，宽 3.5~7cm，叶柄长 2~4cm；小叶片宽卵形，顶端短渐尖，基部宽圆形下延至叶柄成窄翅，长 2.5~4cm，宽 2~3cm，叶柄长 0.5~1cm。花腋生，通常 2~3 朵；花梗 5~8mm；花萼杯状，萼齿 10；花冠淡紫色或白色，顶端深 5 裂，裂片披针形；花冠筒隐于萼内，冠檐基部具深色斑点；花柱柱头头状。浆果球形，直径 6~8mm，熟时绯红色，宿萼盘形，果柄长 1~1.5cm；种子多数，近卵形，淡黄色，长约 2mm。花期 5~8 月，果期 7~11 月。

• **产地与生长环境** 见于洞头区青山岛，瑞安市铜盘山、凤凰山、北龙山、荔枝岛、王树段岛等海岛。生于荒野阴湿地、林下、路旁、水边。

枸杞

Lycium chinense Mill.

● **茄科 Solanaceae** ● **枸杞属 *Lycium* Linn.**

● 形态特征　落叶灌木。枝条细弱，弓状弯曲或俯垂，淡灰色，有纵条纹，棘刺长 0.5~2cm，小枝顶端锐尖成棘刺状。叶片纸质，单叶互生或 2~4 枚簇生，卵形、卵状菱形、长椭圆形、卵状披针形，顶端急尖，基部楔形，长 1.5~5cm，宽 0.5~2.5cm；叶柄长 0.4~1cm。花单生或双生于叶腋，或数花同叶簇生；花梗长 1~2cm；花萼常 3 中裂或 4~5 齿裂，有缘毛；花冠漏斗状，长 9~12mm，淡紫色，檐部 5 深裂；雄蕊较花冠稍短，或因花冠裂片外展而伸出花冠；花柱稍伸出雄蕊。浆果卵状，红色，顶端尖或钝，长 7~15mm。种子扁肾脏形，黄色，长 2.5~3mm。花期 6~9 月，果期 7~11 月。

● 产地与生长环境　见于洞头区青山岛，瑞安市北龙山、冬瓜屿、王树段岛，平阳县南麂列岛等海岛。生于海岸带石堆、山坡荒地及村边宅旁。

● 用途　叶、根皮、果实入药；嫩叶可作蔬菜；种子可制润滑油或食用油。

假酸浆

Nicandra physaioides (Linn.) Gaertn.

● **茄科 Solanaceae** ● **假酸浆属 *Nicandra* Adans.**

● 形态特征　一年生草本。主根长锥形，有纤细的须状根。茎棱状圆柱形，有 4~5 条纵沟，绿色，有时带紫色，上部三叉状分枝。单叶互生，叶片草质，卵形或椭圆形，长 4~12cm，宽 2~8cm，顶端渐尖，基部阔楔形下延，边缘有具圆缺的粗齿或浅裂，两面被稀疏毛。花单生于叶腋，俯垂；花萼 5 深裂，裂片先端尖锐，基部心形，果时膀胱状膨大；花冠钟形，浅蓝色，直径达 4cm，花筒内面基部有 5 个紫斑；雄蕊 5；子房 3~5 室。浆果球形，直径 1.5~2cm，黄色，被膨大的宿萼所包围。种子小，淡褐色。花果期夏秋季。

● 产地与生长环境　原产秘鲁，见于洞头本岛、平阳县南麂岛。生于荒地、路旁。

● 用途　全草药用，具镇静、祛痰、清热解毒功效。

苦蘵

Physalis angulata Linn.

• 茄科 Solanaceae　• 酸浆属 *Physalis* Linn.

• 形态特征　一年生草本。被疏短柔毛或近无毛，高 30~50cm；茎多分枝，分枝纤细。叶柄长 1~5cm，叶片卵形至卵状椭圆形，顶端渐尖或急尖，基部阔楔形或楔形，全缘或有不等大的牙齿，两面近无毛，长 3~6cm，宽 2~4cm。花梗长 5~12mm，花萼 5 中裂，裂片披针形，生缘毛；花冠淡黄色，喉部常有紫色斑纹，长 4~6mm，直径 6~8mm；花药蓝紫色或有时黄色，长约 1.5mm。果萼卵球状，直径 1.5~2.5cm，薄纸质，浆果直径约 1.2cm。种子圆盘状，长约 2mm。花果期 5~12 月。

• 产地与生长环境　见于洞头区官财屿、北小门岛，瑞安市凤凰山、北龙山、内长屿，平阳县柴峙岛，苍南县官山岛、草屿岛等海岛。生于山谷林下、村边路旁及海岸碎石堆中。

• 用途　全草药用，具清热解毒、化痰利尿功效。

毛苦蘵

Physalis angulata Linn. var. *villosa* Bonati

• **茄科 Solanaceae** • **酸浆属 *Physalis* Linn.**

• 形态特征　本变种与原种的主要区别在于：全株密被长腺毛、果时不脱落；分枝纤细，铺散状。

• 产地与生长环境　见于瑞安市王树段岛。生于路边草丛中。

喀西茄

Solanum aculeatissimum Jacq.

• 茄科 Solanaceae　• 茄属 *Solanum* Linn.

• **形态特征**　直立草本至亚灌木。茎、枝、叶及花柄多混生黄白色具节的长硬毛、短硬毛、腺毛及基部宽扁的直刺，刺长 2~15mm，宽 1~5mm，基部暗黄色。叶阔卵形，长 6~12cm，5~7 深裂，裂片边缘又作不规则的齿裂及浅裂；侧脉与裂片数相等，在叶背略隆起，其上散被基部宽扁的直刺；叶柄粗壮，长约为叶片之半。蝎尾状花序腋外生，短而少花，单生或 2~4 朵；萼钟状，绿色，直径约 1cm，5 裂，裂片长圆状披针形；花冠筒淡黄色，隐于萼内，冠檐白色，5 裂，裂片披针形，具脉纹，开放时先端反折；花丝长约 1.5mm，花药在顶端延长；子房球形，花柱纤细光滑。浆果球状，直径 2~2.5cm，初时绿白色，具绿色花纹，成熟时淡黄色；种子淡黄色，近倒卵形，扁平，直径约 2.5mm。花期春夏，果熟期冬季。

• **产地与生长环境**　原产于巴西，见于平阳县南麂岛、苍南县草屿岛等海岛。生于沟边，废弃村舍旁灌丛。

• **用途**　可作观赏植物。

少花龙葵

Solanum americanum Mill.

• 茄科 Solanaceae • 茄属 *Solanum* Linn.

• 形态特征 一年生纤弱草本。茎无毛或近于无毛。叶片薄，卵形，长4~8cm，宽2~4cm，先端渐尖，基部楔形下延至叶柄成翅；近全缘，或有不规则粗齿；两面均被疏柔毛。花序近伞形，腋外生，纤细，被微柔毛，着生1~6朵花，总花梗长1~2cm；花小，直径约7mm；萼绿色，直径约2mm，5裂，裂片卵形，先端钝，具缘毛；花冠白色，筒部隐于萼内，冠檐5裂，裂片卵状披针形；花丝极短，花药黄色；子房近圆形，花柱纤细，柱头小，头状。浆果球状，直径约5mm，熟后黑色。几乎全年开花结果。

• 产地与生长环境 见于瑞安市北龙山、王树段岛，苍南县星仔岛等海岛。生于路边、林下阴湿处或林边荒地。

• 用途 嫩叶可供蔬食；全草入药，具清热解毒、散淤消肿功效。

白英

Solanum lyratum Thunb.

• **茄科** Solanaceae　• **茄属** ***Solanum*** Linn.

● 形态特征　多年生草质藤本。茎及小枝均密被具节长柔毛。叶互生，多数为琴形，长2.5~8cm，宽1.5~6cm。聚伞花序顶生或腋外生，疏花，总花梗长1~2.5cm；花萼环状，萼齿5；花冠蓝紫色或白色，5深裂；雄蕊5，花药长圆形；子房卵形，花柱丝状，柱头小。浆果球状，熟时红色，直径约8mm；种子扁平，近盘状，直径约1.5mm。花期7~8月，果期10~11月。

● 产地与生长环境　温州沿海岛屿常见。生于路旁、草地、废弃村落土墙边。

● 用途　茎入药，具清热利湿、解毒消肿功效。

龙葵

Solanum nigrum Linn.

● **茄科 Solanaceae** ● **茄属 *Solanum* Linn.**

● 形态特征　一年生直立草本。茎无棱或棱不明显，绿色或紫色，近无毛或被微柔毛。叶卵形，长 2.5~10cm，宽 1.5~5cm，先端短尖，基部楔形下延至叶柄，全缘或具不规则的波状粗齿。蝎尾状花序腋外生，由 4~10 花组成，总花梗长 1~2.5cm，花梗长约 5mm；萼小，浅杯状，直径 1.5~2mm，5 裂，裂片卵圆形；花冠白色，筒部隐于萼内，冠檐 5 深裂，裂片卵圆形；雄蕊 5，花丝短，花药黄色；子房卵形，直径约 0.5mm，花柱长约 1.5mm，中部以下被白色绒毛。浆果球形，直径约 6mm，熟时黑色。种子多数，近卵形，直径 1.5~2mm。花期 6~9 月，果期 7~11 月。

● 产地与生长环境　温州沿海岛屿常见。生于灌草丛、荒地及村庄附近。

● 用途　全株入药，具散瘀消肿、清热解毒功效。

珊瑚豆

Solanum pseudocapsicum Linn. var. *diflorum* (Vell.) Bitter

● **茄科 Solanaceae** ● **茄属 *Solanum* Linn.**

● 形态特征　直立小灌木。幼枝具毛。叶对生，大小不等；叶片纸质，椭圆状披针形，长4.5~6cm，宽1~1.5cm，先端短尖或钝，基部狭楔形下延成短柄，全缘或具不规则的波状粗齿，主脉及侧脉在叶背隆起。花腋生，单生或呈无总梗的蝎尾状花序2~3朵；花小，直径0.8~1cm，花萼绿色，宿存，5深裂，裂片卵状披针形；花冠白色，筒部隐于花萼内，冠檐5深裂，裂片卵圆形，长约5mm；花丝、花柱短，花药黄色；子房近圆形，直径约1mm。浆果球形，橙红色，直径1~2cm。花期7~9月，果期10月至翌年2月。

● 产地与生长环境　原产于南美，见于平阳县南麂岛。生于村落旁荒地。

● 用途　果色鲜艳，可作观赏及盆景用。

龙珠

Tubocapsicum anomalum (Franch. et Sav.) Makino

• 茄科 Solanaceae　• 龙珠属 *Tubocapsicum* (Wettst.) Makino

• **形态特征**　多年生草本。全株疏生柔毛，二歧分枝开展。叶片薄纸质，卵形或卵状披针形，长5~18cm，宽3~10cm，顶端渐尖，基部歪斜楔形、下延，叶柄长0.8~3cm。花腋生，单生或2~6朵簇生，俯垂，花梗细弱，长1~2cm，顶端增大；花萼直径约5mm，长约2mm，果时稍增大而宿存；花冠淡黄色，直径6~8mm，裂片卵状三角形，顶端尖锐，向外反曲，有短缘毛；雄蕊5，与花柱近等长，稍伸出花冠；子房直径2mm。浆果球形，直径8~12mm，熟后红色。种子淡黄色。花期7~9月，果期8~11月。

• **产地与生长环境**　见于平阳县柴峙岛。生于灌草丛中。

• **用途**　茎叶及果实入药，具清热解毒功效。

陌上菜

Lindernia procumbens (Krock.) Philcox.

•玄参科 Scrophulariaceae　•陌上菜属 *Lindernia* All.

- 形态特征　直立草本。基部多分枝，无毛。叶片长椭圆形或倒卵状长圆形，具有3~5条基生脉或平行脉，无柄，长1~2.5cm，宽6~12mm。花单生于叶腋，花梗纤细，长1.2~2cm，比叶长，无毛；花萼仅基部联合，齿5，条状披针形，顶端钝，外面微被短毛；花冠粉红色或紫色，长约5mm，上唇短，长约1mm，2浅裂，下唇甚大于上唇，长约3mm，3裂，侧裂椭圆形较小，中裂圆形，向前突出；雄蕊4，全育；花药基部微凹；柱头2裂。蒴果卵圆形或椭圆形，与宿存花萼近等长或略超过，室间2裂；种子多数，有格纹。花期7~10月，果期9~11月。
- 产地与生长环境　见于洞头区大竹峙岛、青山岛，瑞安市长大山等海岛。生于水边及潮湿处。
- 用途　全草入药，具清泻肝火、凉血解毒、消炎退肿功效。

通泉草

Mazus pumilus (Burm.f.) Steenis

- 玄参科 Scrophulariaceae　　● 通泉草属 *Mazus* Lour.

● 形态特征　一年生草本。植株倾卧，无匍匐茎，茎完全草质，无毛或疏生短柔毛，直立，着地部分节上常能长出不定根，分枝多而披散。基生叶少到多数，有时成莲座状或早落，长 2~6cm；茎生叶对生或互生。总状花序生于茎、枝顶端，花疏稀；花梗在果期长达 10mm；花萼钟状，花期长约 6mm，果期多少增大，萼片与萼筒近等长；花冠白色、紫色或蓝色，长约 10mm，上唇裂片卵状三角形，下唇中裂片较小，倒卵圆形，先端钝头或急尖；子房无毛。蒴果球形；种子小而多数，黄色，种皮上有不规则的网纹。花果期 4~10 月。

● 产地与生长环境　见于洞头本岛、苍南县草屿岛等海岛。生于湿润的草坡、沟边、路旁及林缘。

● 用途　全草入药，具止痛、健胃、解毒消肿功效。

绵毛鹿茸草

Monochasma savatieri Franch. ex Maxim.

●玄参科 Scrophulariaceae　●鹿茸草属 *Monochasma* Maxim. ex Franch. et Sav.

● 形态特征　多年生草本。因密被绵毛而呈灰白色，上部并具腺毛。茎自基部分枝呈丛生状。叶对生或三叶轮生。总状花序顶生；花少数，单生于叶腋；叶状小苞片二枚；花萼筒状，萼齿 4 枚；花冠淡紫色或几乎白色，二唇形，上唇 2 裂，下唇 3 裂；雄蕊 4 枚，二强；子房长卵形，花柱细长。蒴果长圆形，长约 9mm，宽 3mm。花期 4~6 月，果期 7~9 月。

● 产地与生长环境　见于洞头区青山岛。生于岩石缝或山坡向阳处。

● 用途　全草药用。

松蒿

Phtheirospermum japonicum (Thunb.) Kanitz

• 玄参科 Scrophulariaceae • 松蒿属 *Phtheirospermum* Bunge

• 形态特征　一年生草本。植体被多细胞腺毛。茎直立或弯曲而后上升，多分枝。叶对生，叶片长三角状卵形，近基部的羽状全裂，向上则为羽状深裂；小裂片长卵形或卵圆形，边缘具重锯齿或深裂。花单生于上部叶腋，花萼钟状，萼长 4~10mm，萼齿 5 枚，叶状，披针形；花冠紫红色至淡紫红色，外面被柔毛。蒴果卵球形，长 6~10mm。种子卵圆形，扁平，长约 1.2mm。花果期 6~10 月。

• 产地与生长环境　见于瑞安市长大山、荔枝岛。生于山坡灌丛阴处。

• 用途　全草入药，具清热利湿功效。

腺毛阴行草

Siphonostegia laeta S.Moore

● 玄参科 Scrophulagiaceae　　● 阴行草属 *Siphonostegia* Benth.

● 形态特征　一年生草本。直立，全体密被腺毛。茎常单条，基部木质化，不分枝，常在中部以上分枝，枝对生。叶对生，叶片三角状长卵形，近掌状3深裂，羽状半裂至羽状浅裂，无锯齿。花序总状，生于茎枝顶端，花成对，苞片叶状，稍羽裂或近于全缘；花萼管状钟形，萼齿5裂，长6~10mm，全缘；萼筒的10条脉较细；花冠黄色，有时盔背部微带紫色，二唇形；雄蕊4，二强；子房长卵圆形，柱头头状。蒴果黑褐色，包于宿萼内，卵状长圆形。种子多数，长1~1.5mm，黄褐色，长卵圆形。花期7~9月，果期9~10月。

● 产地与生长环境　见于洞头区青山岛、瑞安市荔枝岛。生于阴湿灌草丛中。

阿拉伯婆婆纳

Veronica persica Poir.

• 玄参科 Scrophulariaceae • 婆婆纳属 *Veronica* Linn.

• 形态特征　一至二年生草本。茎密生 2 列多细胞柔毛。茎基部叶片对生，上部互生，卵形或圆形，长 6~20mm，宽 5~18mm，两面疏生柔毛，具短柄。总状花序很长，顶生或因苞片叶状，如同单花生于叶腋；苞片互生，与叶同形且几乎等大；花梗比苞片长；花萼花期长仅 3~5mm，果期增大达 8mm，裂片卵状披针形，有睫毛，三出脉；花冠蓝色、紫色或蓝紫色，裂片卵形至圆形，喉部疏被毛；雄蕊短于花冠。蒴果肾形，具明显的网脉，顶端凹口的角度大于直角。种子背面具深的横纹。花果期 2~5 月。

• 产地与生长环境　原产于亚洲西部及欧洲，见于瑞安市铜盘山、北龙山、小叉山，苍南县官山岛、草屿岛等海岛。生于路边及荒野。

• 用途　全草可供药用。

野菰

Aeginetia indica Linn.

•列当科 Orobanchaceae　•野菰属 *Aeginetia* Linn.

• 形态特征　一年生寄生草本。茎黄褐色或紫红色，不分枝或自近基部处有分枝。叶鳞片状，肉红色，卵状披针形或披针形，疏生于茎基部。花常单生茎端，稍俯垂，长梗直立，常具紫红色的条纹；花萼一侧裂开至近基部，紫红色、黄色或黄白色；花冠常与花萼同色，筒部宽，稍弯曲，顶端5浅裂，上唇裂片和下唇的侧裂片较短，近圆形，全缘，下唇中间裂片稍大。雄蕊4枚，内藏。蒴果圆锥状或长卵球形，长2~3mm，2瓣开裂。种子多数，细小，椭圆形，黄色，种皮网状。花期4~8月，果期8~10月。

• 产地与生长环境　见于洞头区大竹峙岛，瑞安市铜盘山、北龙山、下岙岛、小叉山，苍南县冬瓜山屿等海岛。寄生于土层深厚、湿润处的禾草类植物根上。

• 用途　全草可供药用，具清热解毒、消肿功效。

早田氏爵床

Justicia hayatae Yamamoto

• 爵床科 Acanthaceae　• 爵床属 *Justicia* Linn.

• 形态特征　一年生草本。茎铺散或外倾，密被长硬毛。叶几乎无柄，多汁，卵形或近圆形，长 10~16mm，宽 8~10mm，顶端钝，基部圆或宽楔形，边全缘，两面密被长硬毛。穗状花序长 1~2cm，具总花梗；苞片阔披针形；花萼裂片线状披针形；花冠堇色，长 7~9mm，宽 4~5mm，外面被微柔毛，冠檐二唇形，上唇直立，三角形，下唇倒卵形；花丝稀被纤毛；花柱约长 5mm，近基部被纤毛。蒴果顶端稍被微柔毛。花期 6~8 月，果期 8~10 月。

• 产地与生长环境　见于平阳县南麂岛、大檑山屿、柴峙岛。生于滨海草丛中。

爵床

Justicia procumbens Linn.

•**爵床科** Acanthaceae　•**爵床属** ***Justicia*** **Linn.**

- 形态特征　一年生草本。茎基部匍匐，常有短硬毛。叶对生，椭圆形至椭圆状长圆形，两面常被短硬毛；叶柄短，长3~5mm。穗状花序顶生或生于上部叶腋，长1~4cm，宽6~12mm；苞片1，小苞片2，均披针形，有缘毛；花萼裂片4，线形，约与苞片等长，有膜质边缘和缘毛；花冠粉红色，长7mm，二唇形，下唇3浅裂；雄蕊2，药室不等高，下方1室有距。蒴果线形，长约6mm，上部具4粒种子，下部实心似柄状。种子表面有瘤状皱纹。花期8~11月，果期10~11月。
- 产地与生长环境　温州沿海岛屿常见。生于山坡林间草丛中。
- 用途　全草入药，具清热解毒、利尿消肿功效。

车前

Plantago asiatica Linn.

• 车前科 Plantaginaceae　• 车前属 *Plantago* Linn.

● 形态特征　多年生草本。根状茎短而肥厚。叶基生，呈莲座状，平卧、斜展或直立；叶片宽卵形或宽椭圆形，长 4~12cm，宽 2~6cm，先端钝，基部楔形，无毛，具长柄。穗状花序排列不紧密，长 20~30cm，花具短梗；苞片狭卵状三角形或三角状披针形；花萼 4，基部稍合生，宿存；花冠小，裂片狭三角形，向外反卷；花药卵状椭圆形，新鲜时白色，干后淡褐色。蒴果卵状圆锥形，于基部上方周裂。种子 4~8，近椭圆形，黑褐色。花期 4~8 月，果期 6~9 月。

● 产地与生长环境　见于乐清市大乌岛，洞头区大竹峙岛，瑞安市北龙山、大明甫，平阳县南麂岛，苍南官山岛等海岛。生于草地、沟边、路旁或村边空旷处。

● 用途　幼苗可食；全草入药，具利尿、清热、明目、祛痰功效。

虎刺

Damnacanthus indicus Gaertn.

● **茜草科** Rubiaceae　● **虎刺属** ***Damnacanthus*** **Gaertn. f.**

● 形态特征　常绿具刺小灌木。幼嫩枝密被短粗毛，针状刺对生于叶柄间；刺长 4~20mm。叶较小，长不及 3cm；叶常大小叶对相间，大叶长 1~2(~3)cm，宽 1(~1.5)cm，小叶长可小于 0.4cm，卵形至宽卵形，全缘；中脉上面隆起，下面凸出，下面仅脉处有疏短毛；叶柄长约 1mm，被短柔毛。花 1~2 朵生于叶腋；花梗基部两侧各具苞片 1 枚；苞片小，披针形或线形；花萼钟状，长约 3mm；裂片 4，三角形或钻形，长约 1mm，宿存；花冠白色，管状漏斗形，檐部 4 或 5 裂；雄蕊 4，着生于冠管上部。核果红色，近球形，直径 3~5mm。花期 4~5 月，果期 7~11 月。

● 产地与生长环境　见于洞头区大竹峙岛。生于林下和石岩灌丛中。

● 用途　庭园观赏；根、全株药用，具祛风利湿、活血止痛功效。

四叶葎

Galium bungei Steud.

•茜草科 Rubiaceae　•拉拉藤属 *Galium* Linn.

• 形态特征　多年生丛生草本。茎有 4 棱，常无毛。叶 4 片轮生，茎中部以上的叶片线状椭圆形或线状披针形，长 0.6~1.2cm，宽 2~3mm，顶端急尖，基部楔形，中脉和近边缘处有短刺状毛，后渐脱落；近无柄或短柄。聚伞花序顶生和腋生，稠密或稍疏散；花小；花梗纤细，长 1~7mm；花冠淡黄绿色，4 裂，花冠裂片卵形或长圆形。由 2 枚呈半球形的分果组成，有小疣点、小鳞片或短钩毛。花期 4~5 月，果期 5~6 月。

• 产地与生长环境　温州沿海岛屿常见。生于山坡林下、灌丛或草丛。

• 用途　全草药用，具清热解毒、利尿、消肿功效。

阔叶四叶葎

Galium bungei var. *trachyspermum* (A. Gray) Cufod.

• 茜草科 Rubiaceae　• 拉拉藤属 *Galium* Linn.

• 形态特征　与原种区别主要在于：茎中部以上叶片卵状长椭圆形、椭圆形、或卵形，稀倒卵形，宽 3~6（~8）mm；花常密集成头状。

• 产地与生长环境　见于瑞安市铜盘山岛、王树段儿屿、冬瓜山屿、金屿，苍南县机星尾岛等海岛。生于山地、旷野、溪边的林中或草地。

猪殃殃

Galium spurium Linn.

•茜草科 Rubiaceae •拉拉藤属 *Galium* Linn.

• 形态特征 蔓生或攀援状草本。茎具4棱，棱上有倒生小刺毛。叶6~8片轮生；叶片线状倒披针形，长1~3cm，宽2~4mm，先端急尖，有短芒，基部渐狭成长楔形，上面连同叶缘和中脉均具倒生小刺毛，下面无或疏生倒刺毛；无柄。聚伞花序顶生或腋生，单生或2~3个簇生，有3~10朵花；花萼被钩毛，萼檐近截平；花冠黄绿色或白色，辐状，4深裂，裂片长圆形，长不及1mm；雄蕊伸出。果由2个分果组成，分果近球形，直径约4mm，密生钩毛，果梗直。花期4~5月，果期5~6月。

• 产地与生长环境 见于苍南县东星仔岛、星仔岛。生于山坡、沟边及草地。

• 用途 全草药用，具清热解毒、消肿止痛、利尿、散瘀功效。

栀子

Gardenia jasminoides Ellis

• **茜草科 Rubiaceae** • **栀子属 *Gardenia* Ellis**

● 形态特征 常绿灌木。叶对生，革质，少为3枚轮生，长圆状披针形、倒卵状长圆形、倒卵形或椭圆形，长4~14cm，宽1.5~4cm，全缘，上面亮绿，下面色较暗；叶柄长0~4mm；托叶鞘质。花单朵生于枝顶，芳香；花梗长3~5mm；花萼顶端5~7裂，萼管倒圆锥形或卵形，萼檐管形；花冠白色或乳黄色，高脚碟状，喉部有疏柔毛，冠管狭圆筒形，长3~4mm，宽4~6mm，顶部5~8裂，裂片广展，倒卵形或倒卵状长圆形。果卵形、近球形、椭圆形或长圆形，黄色或橙红色，长1.5~2.5cm，有翅状纵棱5~8条。种子多数，扁，近圆形而稍有棱角。花期5~7月，果期8~11月。

● 产地与生长环境 温州沿海岛屿常见。生于山坡、溪边灌丛或林中。

● 用途 庭园供观赏；花可提取精油，并可食用、制花茶；果实可提取色素、提炼食用油，并可药用，能清热利尿、泻火除烦、凉血解毒、散瘀；叶、花、根亦可作药用。

金毛耳草

Hedyotis chrysotricha (Palib.) Merr.

• 茜草科 Rubiaceae • 耳草属 ***Hedyotis*** **Linn.**

● 形态特征 多年生伏地匍匐草本，植株干后黄绿色。基部木质，茎被金黄色硬毛。叶对生，具短柄，阔披针形、椭圆形或卵形，长 10~28mm，宽 6~15mm，上面疏生短粗毛或无毛，触之不刺手，下面被浓密黄色绒毛，脉上被毛更密；叶柄长 1~3mm；托叶短合生，边缘具疏小齿，被疏柔毛。聚伞花序腋生，花 1~3 朵，近无梗；花萼被柔毛，萼管近球形，萼檐裂片披针形；花冠白或紫色，漏斗形，长 5~6mm，外面被疏柔毛或近无毛，里面有髯毛，上部深裂。果近球形，被扩展硬毛，宿存萼檐裂片长 1~1.5mm，成熟时不开裂，内有种子数粒。花期 6~8 月，果期 7~9 月。

● 产地与生长环境 温州沿海岛屿常见。生于林下或山坡灌丛中。

● 用途 全草入药，有清热利湿之效。

白花蛇舌草

Hedyotis diffusa Willd.

• **茜草科** Rubiaceae　• **耳草属** ***Hedyotis*** Linn.

• **形态特征**　一年生纤细草本。茎多分枝，扁圆柱形，小枝具纵棱。叶对生，线形或线状披针形，长 1~4cm，宽 1~3mm，上面光滑，下面有时粗糙；托叶长 1~2mm，基部合生，顶部齿裂，老叶片草质。花单生或双生于叶腋；花梗略粗壮，长 2~5mm，罕无梗或长达 10mm；萼管球形，萼檐裂片长圆状披针形，具缘毛；花冠白色，管形，长 3.5~4mm，顶端 4 裂。蒴果膜质，扁球形，直径 2~3mm，宿存萼檐裂片，成熟时顶部室背开裂。种子每室约 10 粒，具棱，干后深褐色，有深而粗的窝孔。花期 6~7 月，果期 8~10 月。

• **产地与生长环境**　见于平阳县柴峙岛。生于湿润的荒地。

• **用途**　全草入药。

肉叶耳草

Hedyotis strigulosa (Bartl. ex DC.) Fosb.

●茜草科 Rubiaceae　●耳草属 *Hedyotis* Linn.

● 形态特征　一年生或多年生草本。茎略带肉质，多分枝，全体无毛。叶肉质，对生，卵状椭圆形、倒卵状椭圆形或椭圆形，长 1~2.5cm，宽 0.7~1.2cm，先端圆或钝圆，上面具光泽；托叶阔三角形，基部合生，无柄或近无柄。数花组成二歧聚伞花序，顶生及着生于分枝上部的叶腋，花梗长 3~5mm；萼管陀螺形；萼檐 4 裂；花冠白色，外面无毛，里面有透明的疏柔毛。蒴果倒卵状扁球形，直径 4~5mm，具 2~4 纵棱，成熟时仅顶部开裂。种子多数，细小，近球形，黑褐色。花期 8~9 月，果期 10~11 月。

● 产地与生长环境　温州沿海岛屿常见。生于海岸山坡、岩石缝和草地上。

纤花耳草

Hedyotis tenelliflora Bl.

●茜草科 Rubiaceae　●耳草属 *Hedyotis* Linn.

- 形态特征　一年生柔弱披散多分枝草本。茎直立，枝的上部方柱形，分枝有4锐棱，下部圆柱形。叶对生，薄纸质，老叶带革质，线形或线状披针形，长1.5~3.5cm，宽1~3mm，上面密被圆形小疣体，下面光滑，无柄；托叶长3~6mm，基部合生，顶部撕裂，裂片刚毛状。花无梗，2~3朵簇生于叶腋内；萼管倒卵状，萼檐裂片4；花冠白色，漏斗形，长3~3.5mm。蒴果卵形或近球形，宿存萼檐裂片，成熟时仅顶部开裂。种子每室多数，微小。花期6~7月，果期8~10月。
- 产地与生长环境　见于洞头区东策岛，瑞安市大明甫、王树段岛。生于山坡林下。
- 用途　全草入药，具清热解毒、祛瘀止痛功效。

羊角藤

Morinda umbellata Linn.

●茜草科 Rubiaceae ●巴戟天属 *Morinda* Linn.

● 形态特征 攀援灌木。嫩枝无毛，绿色，老枝具细棱，蓝黑色。叶对生，纸质或革质，倒卵形、倒卵状披针形或倒卵状长圆形，长 5~10cm，宽 2~3.5cm，全缘，上面常具蜡质，无毛，下面淡棕黄色或禾秆色；叶柄长 3~8mm，常被不明显粒状疏毛；托叶筒状，干膜质，顶截平。花序 4~10 伞状排列于枝顶；花序梗长 4~11mm；花冠白色，钟状，长约 4mm，檐部 4~5 裂。聚花核果，成熟时红色，近球形或扁球形，直径 8~12mm；核果具分核 2~4。花期 6~7 月，果期 7~10 月。

● 产地与生长环境 见于洞头区青山岛、鸭屿岛、北小门岛、官财屿，瑞安市荔枝岛，苍南县官山岛等海岛。攀援于林下、溪旁、路旁等灌木或岩壁上。

● 用途 根或根皮入药，具祛风除湿、补肾止血功效。

玉叶金花

Mussaenda pubescens Ait. f.

● **茜草科** Rubiaceae　● **玉叶金花属** ***Mussaenda*** Linn.

● 形态特征　缠绕藤本。叶对生或近轮生；叶片膜质或薄纸质，卵状长圆形或卵状椭圆形，长 5~9cm，宽 2~3cm，上面近无毛或疏被毛，下面密被短柔毛；叶柄被柔毛；托叶三角形，2 深裂，裂片钻形。聚伞花序顶生，密花；苞片线形，有硬毛；花梗极短或无梗；萼筒陀螺形，被柔毛，萼裂片线形；花瓣状萼裂片阔椭圆形或缺失，长 2.5~4cm；花冠黄色，花冠筒长约 2cm，花冠裂片长圆状披针形，内面密生金黄色小疣突。浆果近椭圆形，疏被柔毛，顶部具环纹。花期 6~7 月，果期 8~11 月。

● 产地与生长环境　温州沿海岛屿常见。生于灌丛、林缘或山坡。

● 用途　庭院观赏植物；茎叶可药用，具清凉消暑、清热疏风功效。

耳叶鸡矢藤

Paederia cavaleriei Lévl.

● 茜草科 Rubiaceae ● 鸡矢藤属 ***Paederia*** **Linn.**

● 形态特征 缠绕藤本。茎或枝密被黄褐色或污褐色柔毛。叶片卵状椭圆形至长卵状椭圆形，长 6~12cm，宽 2~6cm，上面被粗短毛，下面密被粗柔毛；叶柄被毛，长 1~5cm；托叶三角状披针形，长 4~8mm。圆锥状聚伞花序腋生或顶生，总花序轴伸长，密被柔毛；花具短梗，萼筒卵形，萼檐 5 裂，裂片三角形；花冠浅紫色，管状，上部稍膨大，外面被粉末状茸毛，裂片 5。果球形，直径 4.5~5mm，光滑。花期 6~7 月，果期 8~10 月。

● 产地与生长环境 见于洞头区北小门岛、黄泥山屿、小乌星岛，瑞安市小叉山、小峙山、长腰山、山姜中屿等海岛。生于山坡灌丛。

● 用途 药用，具祛风利湿、止痛解毒、消食化积功效。

鸡矢藤

Paederia foetida Linn.

●茜草科 Rubiaceae　●鸡矢藤属 *Paederia* Linn.

● 形态特征　多年生草质藤本。茎无毛至密被毛。叶对生，纸质或近革质，卵形、卵状长圆形至披针形，长 5~9cm，宽 1~4cm，两面无毛或沿脉被柔毛；叶柄长 2.5~7cm；托叶三角形或卵形，长 2~6mm。花序圆锥状、聚伞状，腋生和顶生，分枝对生，末次分枝上着生的花常呈蝎尾状排列；萼管陀螺形，萼檐裂片 5，裂片三角形；花冠浅紫色，外面被粉末状柔毛，顶部 5 裂。果球形，成熟时近黄色，直径 5~7mm。花期 5~10 月，果期 7~12 月。

● 产地与生长环境　温州沿海岛屿常见。生于山坡、林缘、灌丛中。

● 用途　植株地上部分可入药，具祛风活血、止痛解毒功效。

海南槽裂木

Pertusadina metcalfii (Merr. ex H. L. Li) Y. F. Deng et C. M. Hu

• 茜草科 Rubiaceae • 槽裂木属 *Pertusadina* Ridsd.

- 形态特征　灌木或小乔木。树干常有纵沟槽或裂缝。叶片对生，椭圆形至长椭圆形，厚纸质，长 6~12cm，宽 2~4.5cm，上面无毛，下面被短绒毛，沿脉被短柔毛，后渐脱落，脉腋内有簇毛；叶柄长 3~15mm，无毛或被短柔毛；托叶线状长圆形至钻形，全缘，稀顶端有凹缺。花序单一或有时组成单二歧聚伞状，腋生，直径 6~8mm；总花梗中部以下有 3~5 小苞片；萼筒短，萼檐 5 裂，裂片三角形，至椭圆状长圆形，先端钝，宿存；花冠黄色，高脚碟状。蒴果长 1.5~2.5mm，被稀疏的短柔毛。花期 5~6 月，果期 7~10 月。
- 产地与生长环境　见于洞头青山岛。生于山坡杂木林中。
- 用途　木材可供建筑或造船、车轴等用。

九节

Psychotria asiatica Linn.

• **茜草科 Rubiaceae** • **九节属 *Psychotria* Linn.**

• 形态特征　常绿直立灌木。枝无毛。叶对生，常聚集于枝顶；叶片纸质，长圆形、椭圆状长圆形或倒卵状长椭圆形，全缘，长 8~17cm，宽 2~5cm，上面无毛，下面脉腋内有簇毛；叶柄长 1~2cm；托叶膜质，早落。聚伞花序常顶生，总花梗常极短，近基部常三分歧；萼筒杯状，长约 2mm，檐部扩大，顶端近截平或不明显齿裂；花冠白色或淡绿色，冠管长 2~3mm，喉部被白色长柔毛，花冠裂片近三角形，长约 2mm。核果球形或宽椭圆形，成熟时红色，直径约 5mm，有纵棱。花果期 7~11 月。

• 产地与生长环境　见于瑞安市凤凰山、平阳县柴屿岛。生于山坡灌丛。

• 用途　嫩枝、叶、根可作药用，具清热解毒、消肿拔毒、祛风除湿功效。

蔓九节

Psychotria serpens Linn.

• 茜草科 Rubiaceae • 九节属 *Psychotria* Linn.

● 形态特征　常绿攀缘或匍匐藤本，常以气根攀附于树干或岩石上。嫩枝稍扁，无毛或有粃糠状短柔毛，老枝圆柱形，近木质。叶对生，厚纸质，椭圆形、卵形、稀倒卵形或长卵形，全缘，长 1.5~6cm，宽 1~2.5cm，两面无毛；叶柄长 3~5mm；托叶膜质，早落。聚伞花序顶生，常三歧分枝，圆锥状或伞房状；苞片和小苞片线状披针形，常对生；花萼倒圆锥形，长约 1mm；檐部扩大，顶端 5 浅裂，裂片三角形；花冠白色，冠管与花冠裂片近等长，长 1.5~3mm。浆果状核果球形或椭圆形，具纵棱，常呈白色，直径约 5mm。花期 5~7 月，果期 6~12 月。

● 产地与生长环境　温州沿海岛屿常见。生于山坡岩壁、灌丛或林缘。浙江省重点保护野生植物。

● 用途　全株药用，具舒筋活络、壮筋骨、祛风止痛、凉血消肿功效。

东南茜草

Rubia argyi (Lévl. et Vant.) Hara ex Lauener

●茜草科 Rubiaceae　●茜草属 *Rubia* Linn.

● 形态特征　多年生攀援草本。茎和枝方形，有 4 棱，棱上生倒生皮刺，无毛。叶片纸质，常 4 片轮生，纸质，心形至阔卵状心形，有时近圆心形，长 2~4.5cm，不超过宽的 2 倍，顶端渐尖，两面粗糙，脉上有微小皮刺；叶柄长 0.5~5cm。圆锥状聚伞花序腋生和顶生；花冠淡黄色，干时淡褐色，花冠裂片近卵形，微伸展，长 0.5~1.5mm，外面无毛。果球形，直径 5~7mm，成熟时黑色。花期 8~9 月，果期 10~11 月。

● 产地与生长环境　见于瑞安市凤凰山、大叉山。常生于疏林、林缘、灌丛或草地上。

● 用途　根及根状茎入药。

白花苦灯笼

Tarenna mollissima (Hook. et Arn.) Rob.

• 茜草科 Rubiaceae　• 乌口树属 *Tarenna* Gaertn.

● 形态特征　灌木或小乔木。叶片纸质，披针形、长圆状披针形或卵状椭圆形，全缘，上面密被短毡毛，下面密被柔毛；叶柄长 5~15mm，密被短柔毛；托叶密被柔毛。伞房状聚伞花序顶生；萼管近钟形，长 2~3mm；花冠白色，长约 1cm，顶端 5 或 4 裂，长约 5mm；雄蕊 5 或 4；胚珠每室多枚。果近球形，被柔毛，黑色，径约 5mm。花期 7~8 月，果期 9~11 月。

● 产地与生长环境　见于洞头区青山岛。生于山坡灌丛中。

● 用途　根和叶入药，具清热解毒、消肿止痛功效。

糯米条

Abelia chinensis R. Br.

● **忍冬科 Caprifoliaceae**　● **六道木属 *Abelia* R. Br.**

● 形态特征　落叶半常绿灌木。茎多分枝；嫩枝纤细，红褐色，被短柔毛，老枝树皮纵裂；枝节不膨大。叶对生或 3 片轮生，圆卵形至椭圆状卵形，长 2~5cm，宽 1~3.5cm，边缘有稀疏圆锯齿，上面初时疏被短柔毛，下面基部主脉及侧脉密被白色长柔毛；叶柄基部不连合。圆锥状聚伞花序生于小枝上部叶腋，果期光滑；花芳香，具 3 对小苞片；萼筒圆柱形，被短柔毛，稍扁，具纵条纹，萼檐 5 裂，裂片椭圆形或倒卵状矩圆形，果期变红色；花冠白色至粉红色，漏斗形，外面被短柔毛，裂片 5，圆卵形。瘦果革质，具宿存而略增大萼片。花期 6~8 月，果期 10~11 月。

● 产地与生长环境　见于苍南县琵琶山。生于山坡灌丛。

● 用途　庭院观赏植物；根、茎、叶和花均可入药。

忍冬 （金银花）

Lonicera japonica Thunb.

● 忍冬科 Caprifoliaceae　● 忍冬属 *Lonicera* Linn.

● 形态特征　半常绿木质缠绕藤本。幼枝暗红褐色，密被黄褐色硬直糙毛、腺毛和短柔毛，下部无毛。叶片纸质，卵形至矩圆状卵形，上面深绿色，下面淡绿色，叶片下面无毛或被疏或密的糙毛，小枝上部叶常两面均密被短糙毛，下部叶常平滑无毛而下面多少带青灰色；叶柄长 4~8mm，密被短柔毛。总花梗常单生于小枝上部叶腋；苞片大，叶状，卵形至椭圆形；花冠白色，后变黄色，唇形，长 3~6cm，外被倒生糙毛和长腺毛。果圆形，熟时蓝黑色。花期 4~6 月，果熟期 10~11 月。

● 产地与生长环境　温州沿海岛屿常见。生于山坡灌丛或疏林中。

● 用途　供药用，具清热解毒、消炎退肿功效；亦可作观赏植物。

接骨草

Sambucus javanica Bl.

• 五福花科 Adoxaceae　• 接骨木属 *Sambucus* Linn.

• 形态特征　多年生草本或半灌木。茎高 0.8~3 m，圆柱形，具紫褐色棱条，髓部白色。奇数羽状复叶，有小叶 3~9，侧生小叶片披针形、椭圆状披针形，长 6~13cm，宽 2~3cm，先端渐尖，基部偏斜或宽楔形，边缘具细锯齿；小叶柄短或近无柄；叶片搓揉后有臭味。复伞形花序，顶生；总花梗基部托有叶状总苞片，第 1 级辐射枝 3~5 出；不孕性花杯状，黄色，不脱落；可孕性花小，白色带黄；萼筒杯状；花柱短，3 浅裂。果近圆形，直径 3~5mm，熟时橙黄色至红色；果核 3~4，卵形，表面具疣。花期 4~5（~8）月，果期 8~10 月。

• 产地与生长环境　见于洞头本岛。生于溪边及村庄附近。

• 用途　全草入药，具祛风消肿、舒筋活络功效。

南方荚蒾

Viburnum fordiae Hance

●五福花科 Adoxaceae　●荚迷属 *Viburnum* Linn.

● 形态特征　落叶灌木或小乔木。树皮浅棕色。鳞芽，当年生小枝基部有环状的芽鳞痕，同冬芽、叶柄、花序均被黄褐色至暗褐色星状毛。叶纸质至厚纸质，宽卵形，长 4~9cm，宽 2.5~5cm；边缘基部除外常有小尖齿，侧脉 5~7 对直达齿端；上面（尤其沿脉）有棕红色腺点，背面中脉凸起；叶柄长 5~15mm，无托叶。复伞状花序顶生，总花梗长 1~3.5cm，不弯垂，第一级辐射枝常 5 条；萼筒倒圆锥形，萼齿钝三角形；花冠白色，辐状，直径 (3.5~) 4~5mm，裂片卵形，长约 1.5mm。果红色，卵圆形，直径 4~5mm；核扁。花期 4~5 月，果熟期 10~11 月。

● 产地与生长环境　见于苍南县官山岛、草屿岛。生于山谷溪涧旁疏林、山坡灌丛中。

● 用途　根、茎、叶入药，具疏风解表、活血散瘀、清热解毒功效。

白花败酱 （攀倒甑）

Patrinia villosa (Thunb.) Juss.

●败酱科 Valerianaceae　●败酱属 *Patrinia* Juss.

● **形态特征**　多年生草本。茎密被白色倒生粗毛或仅沿二叶柄相连的侧面具纵列倒生短粗伏毛。基生叶丛生；茎生叶对生，边缘具粗齿，上部叶较窄小，常不分裂；叶柄长1~3cm，上部叶渐近无柄。由聚伞花序组成顶生圆锥花序或伞房花序，花序梗密被长粗糙毛或仅二纵列粗糙毛；花萼小，萼齿5，浅波状或浅钝裂状；花冠钟形，白色，5深裂，裂片不等形，冠筒常比裂片稍长；雄蕊4，伸出；子房下位。瘦果倒卵形，与宿存增大苞片贴生。花期8~10月，果期10~12月。

● **产地与生长环境**　见于洞头区青山岛，瑞安市北龙山、长大山、荔枝岛，平阳县柴峙岛，苍南县官山岛等海岛。生于山地林下、林缘或灌草丛中。

● **用途**　根茎药用，与败酱 *P. scabiosaefolia* Fisch. ex Trev. 相同；民间常以嫩苗作蔬菜食用，也作猪饲料用。

盒子草

Actinostemma tenerum Griff.

•**葫芦科 Cucurbitaceae** •**盒子草属 *Actinostemma* Griff.**

• 形态特征　一年生柔弱缠绕草本。茎纤细，疏被长柔毛，后变无毛。卷须细，二歧。叶片形状变异大，心状戟形、心状狭卵形或披针状三角形，先端稍钝或渐尖，基部弯缺半圆形、长圆形、深心形，不分裂或茎下部 3~5 裂；叶柄细，长 2~6cm，被短柔毛。花单性，雌雄同株。雄花组成总状或圆锥状花序，花萼裂片线状披针形，边缘有疏小齿；花冠黄绿色，裂片披针形，疏生短柔毛，长 3~7mm，宽 1~1.5mm；雄蕊 5。雌花单生或双生；花萼和花冠与雄花相同。果实绿色，卵形，阔卵形，长圆状椭圆形，果盖锥形，具种子 2~4 枚。种子表面有不规则雕纹，长 11~13mm，宽 8~9mm。花期 7~9 月，果期 9~11 月。

• 产地与生长环境　见于洞头区官财屿、北小门岛，苍南县琵琶山、冬瓜屿等海岛。生于潮湿草丛中。

• 用途　种子及全草药用，有利尿消肿、清热解毒、去湿之效；种子含油，可制肥皂，油饼可做肥料及猪饲料。

绞股蓝

Gynostemma pentaphyllum (Thunb.) Makino

●葫芦科 Cucurbitaceae　●绞股蓝属 *Gynostemma* Bl.

● 形态特征　多年生攀援草本。茎细弱，具分枝，无毛或疏被短柔毛。叶片膜质或纸质，鸟足状，具 3~9 小叶，常 5~7 小叶，小叶片卵状长圆形或披针形，中央小叶较大，侧生小叶较小，两面均被短硬毛。花雌雄异株；雄花圆锥花序，花序轴纤细，多分枝；花萼筒极短，5 裂，裂片三角形；花冠淡绿色或白色，5 深裂，裂片卵状披针形，长 2.5~3mm；雄蕊 5；雌花圆锥花序，远较雄花短小，花萼及花冠似雄花。果实肉质不裂，球形，直径 5~6mm，成熟后黑色，光滑无毛，内含种子 2 粒。花期 7~9 月，果期 9~10 月。

● 产地与生长环境　见于平阳县柴峙岛。生于山坡疏林、灌丛中。

● 用途　全草入药，具消炎解毒、止咳祛痰功效。

王瓜

Trichosanthes cucumeroides (Ser.)Maxim.

- 葫芦科 Cucurbitaceae　• 栝楼属 *Trichosanthes* Linn.

- **形态特征**　多年生攀援藤本。茎多分枝，被短柔毛。卷须二歧，被短柔毛。叶片纸质，宽卵形或圆形，先端钝或渐尖，基部深心形，常 3~5 浅裂或深裂；上面深绿色，被短绒毛及疏散短刚毛，背面淡绿色，密被短茸毛。花雌雄异株。雄花组成总状花序，或 1 单花与之并生；小苞片线状披针形，全缘；花萼筒喇叭形，长 6~7cm，裂片线状披针形，长 3~6mm，宽约 1.5mm，渐尖，全缘；花冠白色，裂片具极长的丝状流苏。雌花单生，花萼及花冠与雄花相同。果实卵圆形、卵状椭圆形或球形，直径 4~5.5cm，成熟时橙红色。种子横长圆形，3 室，中央室呈凸起的增厚环带，内有种子，两侧室大而中空，近圆形。花期 6~7 月，果期 9~10 月。
- **产地与生长环境**　见于平阳县柴峙岛。生于山坡灌丛中。
- **用途**　果实、种子、根均可供药用，具清热、生津、化瘀、通乳功效。

栝楼

Trichosanthes kirilowii Maxim.

• **葫芦科 Cucurbitaceae** • **栝楼属 *Trichosanthes* Linn.**

• 形态特征　多年生攀援草本。茎多分枝，被白色伸展柔毛。卷须腋生，3~7 歧，被柔毛。叶片纸质，轮廓近圆形或心形，长宽均 5~20cm，先端钝，（3~）5~7 掌状浅裂或中裂，叶基心形，两面沿脉被长柔毛状硬毛；叶柄长 3~10cm，被长柔毛。花雌雄异株。雄花常组成总状花序，稀单生，或单花与总状花序同生于叶腋；花大，直径 3cm；花萼筒长约 3cm 以上；花冠白色，裂片倒卵形，顶端中央具 1 绿色尖头，两侧具丝状流苏，被柔毛；雄蕊 3。雌花单生；花萼筒长约 2.5cm，花冠同雄花。果实近球形，成熟时橙红色；种子 1 室，卵状椭圆形，淡黄褐色。花期 6~8 月，果期 8~10 月。

• 产地与生长环境　见于平阳县大檑山。生于山坡灌丛中。

• 用途　根、果实、果皮和种子入药；根具清热生津、解毒消肿功效，果实、种子和果皮有清热化痰、润肺止咳、滑肠功效。

马㼎儿

Zehneria japonica (Thunb.) H. Y. Liu

• **葫芦科 Cucurbitaceae** • **马㼎儿属 *Zehneria* Endl.**

• 形态特征 一年生攀援草本。茎、枝纤细，有棱沟，无毛。叶片膜质，多型，三角状宽卵形、卵状心形或戟形，不分裂或 3~5 浅裂，长 2~7cm，宽 2~8cm，顶端急尖或稀短渐尖，基部弯缺半圆形，边缘微波状或有疏齿。雌雄同株。雄花单生或稀 2~3 朵生于短的总状花序上；花萼宽钟形，基部急尖或稍钝；花冠淡黄色，5 裂，有极短的柔毛；雄蕊 3。雌花与雄花同一叶腋内单生或稀双生；花冠阔钟形，径 2.5mm，先端稍钝。果实长圆形或球形，成熟后桔红色或红色。种子灰白色，卵形。花期 4~7 月，果期 7~10 月。

• 产地与生长环境 见于瑞安市长大山。生于林中阴湿处以及灌丛中。

• 用途 全草药用，有清热解毒、消肿散结之效。

蓝花参

Wahlenbergia marginata (Thunb.) A. DC.

• **桔梗科 Campanulaceae** • **蓝花参属 *Wahlenbergia* Schrad. ex Roth**

• 形态特征　多年生草本。有白色乳汁。茎基部匍匐，自基部多分枝，直立。叶互生，常在茎下部密集；叶片倒披针形至条状披针形形；边缘波状或具疏锯齿，或全缘，无毛或疏生长硬毛；叶片近无柄。花顶生或腋生，花梗极长，长可达 15cm；花萼无毛，筒部倒卵状圆锥形，5 深裂，裂片三角状钻形；花冠钟状，蓝紫色，长 5~8mm，分裂达 2/3，裂片倒卵状长圆形。蒴果倒圆锥状或倒卵状圆锥形，有 10 条不甚明显的肋，长 5~7mm，直径 3~4mm；花萼宿存，果成熟后为褐色。种子矩圆状，光滑，褐色。花果期 2~5 月。

• 产地与生长环境　温州沿海岛屿常见。生于路旁、荒地、山坡或沟边。

• 用途　根或全草入药，有益气补虚、祛痰、截疟功效。

藿香蓟 （胜红蓟）

Ageratum conyzoides Linn.

• 菊科 Asteraceae • 藿香蓟属 ***Ageratum*** **Linn.**

● 形态特征　一年生草本。茎直立，不分枝或中部以上分枝，被白色短柔毛或上部密被长茸毛。叶对生，有时上部互生；中部茎叶片卵圆形或菱状卵形，长 3~10cm，宽 2~5cm，自中部叶片向上、向下渐小，先端急尖，基部钝或宽楔形，基出三脉或不明显五出脉，边缘圆锯齿，两面被白色稀疏短柔毛且有黄色腺点；叶柄长 1~3cm。头状花序茎顶端排列呈伞房状；总苞半球形，宽 5mm，总苞片 2 层，长圆形或披针状长圆形，外面无毛，边缘撕裂；花梗长 0.5~1.5cm，被短柔毛；花冠外面无毛或顶端有微柔毛，檐部 5 裂，淡紫色。瘦果黑褐色，具 5 棱，冠毛膜片状。花果期遍及全年。

● 产地与生长环境　原产中南美洲，温州海岛普遍归化。生于草丛或荒地。

● 用途　全草可作绿肥或提芳香油；也可入药，具清热解毒、消炎功效。

豚草

Ambrosia artemisiifolia Linn.

• **菊科** Asteraceae　• **豚草属** ***Ambrosia*** **Linn.**

• 形态特征　一年生草本。茎直立，多分枝，有棱，被糙毛。下部叶对生，具短柄；上部叶互生，无柄；叶片 1~3 回羽裂，裂片狭小，被毛。头状花序单性，雌雄同株；雄头花序具短梗，下垂，在枝端密集成总状；总苞蝶形；花冠淡黄色，长约 2mm；雌头花序无梗，着生于雄花序基部叶腋内，单个或数个聚生，总苞闭合，倒卵形或卵状长圆形，顶端有尖齿；花柱 2 深裂，丝状，伸出总苞外。瘦果倒卵形，无毛，藏于坚硬的总苞中。花果期 8~10 月。

• 产地与生长环境　原产北美，平阳县南麂列岛有归化。生于荒地和路边。

黄花蒿

Artemisia annua Linn.

• 菊科 Asteraceae • 蒿属 *Artemisia* Linn.

• 形态特征 一年生草本。植株具特殊气味。茎直立，中部以上多分枝，无毛。基部及下部叶在花期枯萎；中部叶片长 4~5cm，宽 2~4cm，2~3 回羽状深裂，叶轴两侧具狭翅，裂片先端尖，基部耳状，两面被短柔毛，具短叶柄；上部叶小，通常一回羽状细裂，无叶柄。头状花序排列呈圆锥状；总苞直径约 1.5mm，无毛，总苞片 2~3 层，边缘宽膜质；缘花 4~8 朵，雌性；盘花较多数，两性，与缘花均管状，黄色，结实。瘦果椭圆形，光滑。花果期 6~10 月。

• 产地与生长环境 见于洞头本岛。生于路边草丛和荒地。

• 用途 全草入药，含挥发油、青蒿素，具利尿健胃功效，也可用于治疗疟疾。

茵陈蒿

Artemisia capillaris Thunb.

● 菊科 Asteraceae　● 蒿属 *Artemisia* Linn.

● 形态特征　多年生草本，植株有香气。茎单生或少数，木质化，红褐色或褐色，有不明显纵棱，上部分枝多，向上斜伸展，幼枝密生柔毛，后渐稀疏或脱落。基生叶密集，常成莲座状，营养枝端叶密集，叶片两面被柔毛，叶卵圆形或卵状椭圆形，2~3 回羽状分裂或掌状分裂，叶柄长 3~7mm，花期上述叶萎谢；花枝上的叶片近无柄，羽状全裂，裂片狭线形或丝线形，近无毛，顶端微尖，基部裂片常抱茎。头状花序密集成圆锥状，总苞球形，苞片 3~4 层；花杂性，花冠管状，檐部具 2~3 齿，花柱细长，伸出花冠外。瘦果长圆形或长卵形。花果期 7~12 月。

● 产地与生长环境　温州沿海岛屿常见。生于海岸附近的湿润沙地、路旁及山坡。

● 用途　幼嫩枝叶可食用；全草也可入药，具清热利湿、抗菌消炎功效。

滨蒿

Artemisia fukudo Makino

• 菊科 Asteraceae • 蒿属 *Artemisia* Linn.

• 形态特征 二年生或多年生草本，具香气。茎直立，单生，有纵棱，自基部开始分枝，枝长，斜向上。基生叶密集成莲座状，叶片近扇形，3~4 掌状深裂，花期常萎谢；茎下部与中部叶长卵形，羽状全裂，裂片疏离，狭线形或狭线状披针形，叶柄长 5~12cm；上部叶 3~5 全裂。头状花序倒圆锥形，具短梗，在分枝上排成狭长圆锥花序；总苞片 3~4 层；花序托凸起；雌花 10~15 朵，花冠狭管状，檐部具 1~2 裂齿，花柱略伸出花冠外；两性花 20~30 朵，花冠管状，花药线形。瘦果倒卵状椭圆形，稍压扁。花果期 8~10 月。

• 产地与生长环境 见于乐清市大乌岛，平阳县琵琶山。生于海边沙地。

印度蒿

Artemisia indica Willd.

● 菊科 Asteraceae　● 蒿属 *Artemisia* Linn.

● 形态特征　多年生草本，植株香气。茎直立，基部木质化，纵棱明显，分枝多。叶片上面初时被绒毛，后渐稀疏或无毛，背面密被灰白色蛛丝状绒毛；基生叶与茎下部叶片卵形或长卵形，羽状分裂或近于大头羽状深裂，具短叶柄，花期叶均萎谢；中部叶卵形、长卵形或椭圆形，羽状全裂，近无柄。头状花序排成总状或圆锥状；总苞片 3 层，外层总苞片略小，背面初时微被灰白色绒毛，后渐脱落无毛；花序托小，凸起；缘花雌性，盘花两性，管状，黄色，外面具小腺点，均结实。瘦果长圆形或倒卵形。花果期 8~11 月。

● 产地与生长环境　见于洞头本岛。生于路旁、林缘、坡地。

● 用途　嫩叶可食用；全草可入药，具清热解毒、止血消炎功效。

牡蒿

Artemisia japonica Thunb.

● 菊科 Asteraceae　● 蒿属 *Artemisia* Linn.

● **形态特征**　多年生草本，植株有香气。茎直立，单生或少数，基部木质化，有纵棱，上半部分枝。叶片纸质，两面无毛或初时微有短柔毛，后无毛；基生叶与茎下部叶片匙形，3~5 深裂，具叶柄和假托叶，花期凋谢；中部叶片楔形，近掌状分裂，无叶柄，具假托叶；上部叶小，具 3 浅裂或不分裂，具假托叶。头状花序排列成圆锥状，基部具线形苞叶；总苞片 3~4 层，外层总苞片略小，外、中层总苞片卵形，背面无毛，内层总苞片长卵形，半膜质；缘花雌性，管状，黄色，结实；盘花两性，不结实。瘦果倒卵形，无冠毛。花果期 7~11 月。

● **产地与生长环境**　温州沿海岛屿常见。生于山坡灌丛、疏林下、路旁等。

● **用途**　全草入药，有清热解毒、消暑去湿、止血消炎、散瘀功效；嫩叶可作菜蔬，又可作家畜饲料。

矮蒿

Artemisia lancea Vant.

• 菊科 Asteraceae • 蒿属 ***Artemisia*** **Linn.**

• 形态特征 多年生草本。茎直立，具细棱，中上部多分枝，常成丛，初时微被蛛丝状微柔毛，后渐脱落。叶片上面初时微有蛛丝状短柔毛，后渐脱落，背面密被灰白色或灰黄色蛛丝状毛；基生叶与茎中下部叶片卵圆形，羽状全裂，裂片披针形，叶柄短或近无柄，花期叶萎谢；上部叶片小，披针形，有时基部 1 对小裂片成假托叶状。头状花序长卵形，排列成狭圆锥状，总苞片 3~4 层，外层总苞片小，狭卵形，中、内层总苞片长卵形或倒披针形；缘花雌性，盘花两性，均管状，紫红色，结实。瘦果小，长圆形。花果期 8~11 月。

• 产地与生长环境 见于瑞安市北龙山，平阳县琵琶山。生于林缘、荒坡及疏林下。

• 用途 全草入药，具散寒、温经、止血、安胎、清热、祛湿、消炎、驱虫功效。

野艾蒿

Artemisia lavandulaefolia DC.

●**菊科** Asteraceae　●**蒿属** ***Artemisia*** **Linn.**

● 形态特征　多年生草本，植株有香气。茎直立，具纵棱，多分枝，被灰白色蛛丝状短柔毛。叶片纸质，上面绿色，具密集白色腺点，初时疏被灰白色蛛丝状柔毛，后毛稀疏或近无毛，背面除中脉外密被灰白色密绵毛；中下部叶片宽卵形，二回羽状深裂，具长柄，花期叶萎谢；上部叶片小，羽状全裂，具短柄或近无柄。头状花序多数，具短梗和线形苞叶，在茎上排列呈圆锥状，花后头状花序多下倾；总苞片3~4层，卵形或狭卵形，背面密被蛛丝状柔毛；缘花雌性，盘花两性，均为管状，紫红色，结实。瘦果长卵形或倒卵形。花果期8~11月。

● 产地与生长环境　温州沿海岛屿常见。生于山坡、林缘、荒地及废弃农舍旁等。

● 用途　全草入药，有散寒、祛湿、温经、止血功效；嫩苗作菜蔬或腌制酱菜食用。

猪毛蒿

Artemisia scoparia Waldst. et Kit.

● **菊科** Asteraceae　● **蒿属** ***Artemisia*** **Linn.**

● 形态特征　一、二年生草本，植株有香气。茎通常单生，自下部开始分枝，红褐色，幼时被灰白色柔毛，以后脱落。茎下部叶片近圆形、长卵形，二至三回羽状全裂，具长柄，花期叶凋谢；中部叶片叶长圆形或长卵形，一至二回羽状全裂，小裂片丝线形或为毛发状，叶柄短；茎上部叶与分枝上叶及苞片叶3~5全裂或不分裂，无柄。头状花序具极短梗或无梗，基部有线形苞叶，排列呈圆锥状；总苞片3~4层；花序托小，凸起；缘花雌性，管状，结实；盘花两性，管状，不结实。瘦果褐色，椭圆形。花果期8~11月。

● 产地与生长环境　温州沿海岛屿常见。生于山坡灌丛、石缝中。

● 用途　幼苗可供药用，具清热利湿、消炎止痛功效，中药“茵陈”大多是该种的叶片。

普陀狗娃花

Aster arenarius (Kitam.) Nemoto

● **菊科 Asteraceae**　● **紫菀属 *Aster* Linn.**

● 形态特征　二年或多年生草本。主根粗壮，木质化。茎平卧或斜升，自基部分枝，近于无毛。基生叶匙形，长 3~6cm，宽 1~1.5cm，顶端圆形或稍尖，基部渐狭成柄，全缘或有时疏生粗大牙齿，有缘毛，两面近光滑或疏生长柔毛；下部茎生叶在花期枯萎；中部及上部叶匙形或匙状矩圆形，长 1~2.5cm，宽 0.2~0.6cm，有缘毛。头状花序单生枝顶，径约 3cm，有苞片状小叶；总苞半球形；缘花舌状，1 层，雌性，条状矩圆形，淡蓝色或淡白色，长约 1.2cm，宽 2.5mm；盘花管状，两性，黄色。瘦果倒卵形，浅黄褐色，被绢状柔毛；冠毛在舌状花中短鳞片状，污白色；冠毛在管状花中刚毛状，淡褐色。花果期 8~12 月。

● 产地与生长环境　温州沿海岛屿常见。生于海边沙地、灌丛及石缝中。

● 用途　可作园林绿化植物。

狗娃花

Aster hispidus Thunb.

● 菊科 Asteraceae ● 紫菀属 *Aster* Linn.

● 形态特征　一年或二年生草本。茎直立，常丛生，被粗毛。基部及下部叶在花期枯萎，叶片倒卵状披针形，长 5~15cm，宽 1.5~2.5cm，先端钝或圆形，基部渐狭成柄，全缘或有疏齿；中部叶片长圆状披针形至线形，长 3~7cm，宽 0.3~1.5cm，全缘；上部叶片小，线形。头状花序直径 3~5cm；总苞半球形，总苞片 2 层，近等长，具上曲粗毛，常有腺点；缘花舌状，浅红色或白色；盘花管状。瘦果倒卵形，有细边肋，被密毛；冠毛在舌状花中极短，白色，膜片状，在管状花中糙毛状，初白色，后带红色。花果期 5~10 月。

● 产地与生长环境　见于洞头本岛。生于山坡草地、海边岩缝。

马兰

Aster indicus Linn.

•菊科 Asteraceae　•紫菀属 *Aster* Linn.

● 形态特征　多年生草本。根状茎有匍枝。茎直立，被短毛，上部或从下部起有分枝。叶片披针形至倒卵状长圆形，疏被微毛或无毛；基部叶在花期枯萎；茎中下部叶片具齿或全缘，基部渐狭成具翅的长柄；上部叶片小，全缘，基部急狭无柄。头状花序单生于枝端并排列成疏伞房状；总苞半球形，径 6~9mm；总苞片 2~3 层，覆瓦状排列，外层倒披针形，内层倒披针状矩圆形，顶端钝或稍尖，上部草质，有疏短毛，边缘膜质，有缘毛；花托圆锥形。缘花舌状，1 层，浅紫色；盘花管状，被短密毛。瘦果倒卵状矩圆形，极扁，褐色，边缘浅色而有厚肋，上部被腺及短柔毛；冠毛短，弱而易脱落。花果期 5~10 月。

● 产地与生长环境　温州沿海岛屿常见。生于林缘、灌草丛或路旁。

● 用途　全草药用，具清热解毒、消食积、利小便、散瘀止血功效；幼叶通常作蔬菜食用，俗称“马兰头”。

琴叶紫菀

Aster panduratus Nees ex Walp.

●菊科 Asteraceae　●紫菀属 *Aster* Linn.

● 形态特征　多年生草本。根状茎粗壮。茎直立，被开展的长粗毛和腺毛，上部有分枝，有较密生的叶。下部叶片通常在花期枯萎，匙状长圆形，长达 15cm，下部渐狭成长柄；中上部叶片长圆状匙形，基部扩大成心形或圆耳形，半抱茎或抱茎；全部叶片两面被长伏毛和密短毛，有腺点；中脉在下面突起，侧脉不显明。头状花序径 2~2.5cm，在枝顶单生或疏散伞房状排列；花序梗长达 5cm，具线状披针形或卵形苞叶；总苞半球形，总苞片 3 层，被密短毛及腺点；缘花舌状，浅紫色；盘花管状，被密短毛。瘦果卵状长圆形，两面有肋，被柔毛；冠毛白色或稍红色。花果期 6~11 月。

● 产地与生长环境　温州沿海岛屿常见。生于山坡灌丛、林缘或疏林中。

三脉紫菀

Aster trinervius Roxb. subsp. *ageratoides* (Turcz.) Grierson

- 菊科 Asteraceae • 紫菀属 *Aster* Linn.

- 形态特征　多年生草本。根状茎粗壮。茎直立，有棱及沟，被柔毛或粗毛。叶片纸质，长圆状披针形，上面被短糙毛，下面疏被短柔毛，或两面被短茸毛而下面沿脉有粗毛，离基三出脉，网脉常显明；下部叶片在花期枯落；中部叶片长 5~15cm，宽 1~5cm，中部以上急狭成楔形具宽翅的柄；上部叶渐小，有浅齿或全缘；头状花序直径 1.5~2cm，排列呈伞房或圆锥状；总苞倒锥状或半球状；总苞片 3 层，覆瓦状排列，线状长圆形；缘花舌状，线状长圆形，紫色、浅红色或白色；盘花管状，黄色。瘦果倒卵状长圆形，灰褐色，有边肋，被短粗毛；冠毛浅红褐色或污白色。花果期 9~12 月。
- 产地与生长环境　见于洞头区东策岛、乌星岛，瑞安市铜盘山、长大山、荔枝岛等海岛。生于林下、林缘或灌丛中。
- 用途　全草或根入药，具清热解毒功效。

陀螺紫菀

Aster turbinatus S. Moore

● 菊科 Asteraceae　● 紫菀属 *Aster* Linn.

● 形态特征　多年生草本。根状茎粗壮。茎直立，粗壮，常单生，有时具长分枝，被糙毛。下部叶在花期常枯落，叶片卵圆形或卵圆披针形，长 4~10cm，宽 3~7cm，有疏齿，顶端尖，基部截形或圆形，渐狭成具宽翅的柄；中部叶无柄，长圆或椭圆披针形，有浅齿，基部有抱茎的圆形小耳；上部叶渐小，卵圆形或披针形；全部叶片厚纸质，两面被短糙毛，下面沿脉有长糙毛。头状花序单生或 2~3 个簇生于上部叶腋，具密集而渐转变为总苞片的苞叶；总苞倒锥形；总苞片覆瓦状排列，厚干膜质，有缘毛；缘花舌状，蓝紫色；盘花管状。瘦果倒卵状长圆形，两面有肋，被密粗毛；冠毛白色，具微糙毛。花果期 8~11 月。

● 产地与生长环境　温州沿海岛屿常见。生于山坡灌丛、林缘及林下。

● 用途　全草可入药，具清热解毒、止痒功效。

大狼把草

Bidens frondosa Linn.

• **菊科** Asteraceae • **鬼针草属** ***Bidens*** **Linn.**

• 形态特征　一年生草本。茎直立，多分枝，被疏毛或无毛，常带紫色。叶对生；叶片一回羽状全裂，裂片3~5枚，披针形，边缘具粗锯齿，通常背面被稀疏短柔毛，顶生裂片具柄；具叶柄。头状花序单生茎端和枝端；总苞钟状或半球形，外层苞片5~10枚，通常8枚，披针形或匙状倒披针形，叶状，具缘毛，内层苞片长圆形，膜质，具淡黄色边缘；缘花舌状，常不发育或极不明显；盘花管状，两性，冠檐5裂。瘦果扁平，狭楔形，顶端芒刺2枚。花果期8~10月。

• 产地与生长环境　原产北美，温州沿海有居民海岛及乐清市大乌岛、洞头区大竹峙岛，瑞安市凤凰山，平阳县琵琶山等岛屿有归化。生于荒地、路旁草丛中。

• 用途　全草入药，有强壮、清热解毒的功效。

鬼针草

Bidens pilosa Linn.

• 菊科 Asteraceae　• 鬼针草属 *Bidens* Linn.

• 形态特征　一年生草本。茎直立，钝四棱形，无毛或上部被极稀疏的柔毛。茎下部叶片较小，3 裂或不分裂，通常在开花前枯萎；中部叶片 3 全裂，稀羽裂，顶生裂片较大，长椭圆形或卵状长圆形，边缘有锯齿，具长 1~2cm 的柄，两侧小叶椭圆形或卵状椭圆形，边缘有锯齿，有时偏斜而不对称，具短柄，无毛或被极稀疏的短柔毛；上部叶小，3 裂或不分裂，条状披针形。头状花序有长 1~6cm 的花序梗；总苞半球形，基部被短柔毛，苞片 7~8 枚，条状匙形，上部稍宽，草质，边缘疏被短柔毛或几无毛；缘花舌状，白色或黄色，1~4 枚；盘花管状，黄褐色，冠檐 5 齿裂。瘦果黑色，条形，略扁，具棱，顶端芒刺 3~4 枚。花果期 9~11 月。

• 产地与生长环境　原产美洲，温州沿海岛屿归化。生于路边荒地及灌草丛中。

• 用途　全草入药，有清热解毒、散瘀活血功效。

白花鬼针草

Bidens pilosa Linn. var. *radiata* Sch.-Bip

• **菊科** Asteraceae • **鬼针草属** ***Bidens*** **Linn.**

● 形态特征　与原变种的区别主要在于本变种头状花序边缘具舌状花 5~7 枚，椭圆状倒卵形，白色，先端钝或有缺刻。

● 产地与生长环境　洞头区北爿山岛、南爿山岛，瑞安市北龙山、内长屿、下岙岛，平阳县大檑山屿、柴峙岛，苍南县星仔岛等海岛。生于村旁、荒地及山坡。

● 用途　全草入药，有清热解毒、散瘀活血功效。

台北艾纳香 （台湾艾纳香）

Blumea formosana Kitam.

● **菊科** Asteraceae　● **艾纳香属** ***Blumea*** DC.

● 形态特征　多年生草本。根簇生，多少肉质。茎直立，圆柱形，具明显条棱，上部分枝，被白色长柔毛。基部叶在花期凋落，叶常比中部的叶小；中部叶片近无柄，倒卵状长圆形，长 12~20cm，宽 4~6cm，基部渐狭，顶端短尖或钝，边缘有疏生的点状细齿或小尖头，上面被短柔毛，下面被白色绒毛，杂腺体；上部叶渐小，长圆形或长圆状披针形；最上部叶苞片状。头状花序排列成顶生的圆锥花序；花序梗长 5~10mm，被白色绒毛；总苞球状钟形；总苞片 4 层，外层线状披针形，背面被密柔毛，杂有腺体，中层线状长圆形，内层线形；花托平，蜂窝状；全为管状花，黄色；缘花雌性，多数，盘花两性，较少数，檐部裂片有腺点。瘦果圆柱形，有 10 条棱，被白色腺状粗毛；冠毛污黄色或黄白色。花果期 8~11 月。

● 产地与生长环境　见于洞头区大竹峙岛、苍南县官山岛等海岛。生于山坡、溪边或疏林下。

● 用途　全草可入药，具清热解毒、利尿消肿功效。

烟管头草

Carpesium cernuum Linn.

• 菊科 Asteraceae • 天名精属 *Carpesium* Linn.

• 形态特征　多年生草本。茎直立，被白色柔毛，中部以上分枝。基部叶于开花时凋萎；茎下部叶卵状长圆形，长 5~12cm，宽 3~7cm，基部渐狭下延于叶柄，边缘具粗波状齿，上面被具膨大基部的柔毛，下面被白色短柔毛并杂有疏长柔毛，两面有腺点；中部叶略小，叶柄较短；上部叶渐变小，两端渐狭，几无柄。头状花序单生茎端及枝端，向下弯曲，基部有叶状苞片；总苞半球形，总苞片 4 层，外层条形，背面被柔毛，中层狭长椭圆形，干膜质，内层条形；全为管状花，黄色。瘦果狭条形，两端稍窄，上端顶部具黏汁。花果期 7~10 月。

• 产地与生长环境　见于瑞安市北龙山。生于山坡灌丛中。

• 用途　全草入药，民间把本种与金挖耳（*Carpesium divaricatum* Sieb. et Zucc.）作同一种使用，具有清热解毒、消炎祛瘀之效。

野菊

Chrysanthemum indicum Linn.

● 菊科 Asteraceae　● 菊属 *Chrysanthemum* Linn.

● **形态特征**　多年生草本。茎直立或铺散，上部分枝，被稀疏的毛，上部及花序枝上的毛较多。基生叶和茎下部叶花期脱落；中部叶片卵形、长圆状卵形，长 3~8cm，宽 2~4cm，羽状半裂、浅裂或分裂不明显而边缘有浅锯齿，叶柄长 1~2cm；上部叶片渐小；全部叶片上面有腺体及疏被柔毛，下面毛较密，基部渐狭成有翅的叶柄，假托叶具锯齿。头状花序直径 1.5~2.5cm，多数在茎枝顶端排成伞房状圆锥花序；总苞半球形，总苞片 4~5 层，边缘宽膜质；缘花舌状，雌性，黄色；盘花管状，两性。瘦果倒卵形，具数条细纵肋；无冠毛。花果期 10~11 月。

● **产地与生长环境**　温州沿海岛屿常见。生于山坡草地、灌丛、岩石缝中。

● **用途**　全草入药，具清热解毒、疏风散热、平肝明目、凉血降血压功效。

甘菊

Chrysanthemum lavandulifolium (Fisch. ex Trautv.) Makino

● 菊科 Asteraceae ● 菊属 *Chrysanthemum* Linn.

● 形态特征 多年生草本。茎直立，自中部以上多分枝，被稀疏柔毛，上部及花序梗上的毛较多。基部和下部叶花期脱落；中部叶片宽卵形或椭圆状卵形，长 2~5cm，宽 1.5~4.5cm，二回羽状分裂，一回全裂或几全裂，侧裂片 2~3 对，二回为半裂或浅裂；叶柄长 0.5~1cm，柄基有分裂的假托叶或无；上部的叶或花序下部的叶羽裂、3 裂或不裂；全部叶两面同色或几同色，被稀疏柔毛或上面几无毛。头状花序直径 1~1.5cm，在茎枝顶端排成复伞房花序；总苞碟形，总苞片约 5 层，边缘白色或浅褐色膜质；缘花舌状，黄色。瘦果长 1.2~1.5mm。花果期 9~11 月。

● 产地与生长环境 温州沿海岛屿常见。生于山坡灌丛、岩石缝中。

● 用途 全草入药，具清热祛湿功效。

大蓟

Cirsium japonicum Fisch. ex DC.

• **菊科** Asteraceae　• **蓟属** *Cirsium* Adans.

● **形态特征**　多年生草本。块根纺锤状。茎直立，具条棱，被长节毛。基生叶较大，长倒卵形或长椭圆形，长 8~20cm，宽 3~8cm，羽状深裂，基部渐狭成翼柄，裂片卵状披针形、斜三角形或三角状披针形，宽狭变化极大，边缘有大小不等小锯齿，或锯齿较大而使叶片呈二回状分裂状态；自基部向上的叶片渐小，与基生叶同形并等样分裂，无柄，基部抱茎；全部茎叶两面同色，沿脉有节毛或几无毛，裂片和裂齿顶端具针刺。头状花序球形，顶生；总苞钟状，径约 3cm，总苞片多层，覆瓦状排列，向内层渐长，外层顶端长渐尖，有针刺，内层顶端渐尖呈软针刺状；全部苞片外面有微糙毛并沿中肋有粘腺；花全为管状花，紫色或玫瑰色。瘦果压扁，偏斜楔状倒披针状，具 5 棱，顶端斜截形；冠毛浅褐色，多层，基部联合成环，整体脱落。花果期 4~11 月。

● **产地与生长环境**　温州沿海岛屿常见。生于山坡林中、林缘、灌丛或荒地。

● **用途**　根、叶可药用，具抗菌、降压、止血功效。

线叶蓟

Cirsium lineare (Thunb.) Sch.-Bip.

•菊科 Asteraceae •蓟属 *Cirsium* Adans.

● **形态特征** 多年生草本。茎直立，有条棱，被稀疏的蛛丝毛及多细胞长节毛或无毛，上部有分枝。下部和中部茎叶长椭圆形或披针形，长 6~12cm，宽 2~2.5cm，基部渐狭成翼柄；向上的叶渐小，与中下部茎叶同形，无叶柄；全部茎叶不分裂，顶端急尖或尾状渐尖，两面异色或稍见异色，上面绿色，被多细胞节毛，下面色淡或淡白色，被稀疏的蛛丝状毛，边缘有细密的针刺。头状花序，在茎枝顶端排成稀疏的圆锥状伞房花序，稀单生；总苞卵球形，直径 1.5~2cm，总苞片多层，覆瓦状排列，外层顶端有针刺；花为管状花，紫红色。瘦果倒金字塔状，顶端截形；冠毛浅褐色，多层，基部连合成环，整体脱落。花果期 9~11 月。

● **产地与生长环境** 见于苍南县官山岛。生于山坡灌草丛中。

● **用途** 根可入药，具活血散瘀、解毒消肿功效。

野茼蒿 （革命菜）

Crassocephalum crepidioides (Benth.) S. Moore

• 菊科 Asteraceae • 野茼蒿属 *Crassocephalum* Moench

• 形态特征 一年生草本。茎直立，具纵条棱，无毛或被稀疏柔毛。叶片卵形或长圆状倒卵形，长 7~12cm，宽 4~5cm，顶端渐尖，基部楔形，边缘有不规则锯齿或重锯齿，或有时基部羽状裂，两面无或近无毛；叶柄长 1~3cm。头状花序顶生或腋生，数个排成伞房状；总苞钟状，基部截形，有数枚不等长的线形小苞片，总苞片 1 层，线状披针形，具狭膜质边缘，顶端有簇状毛；花全为管状花，两性，红褐色或橙红色。瘦果狭圆柱形，橙红色，具肋；冠毛极多数，白色，绢毛状，易脱落。花果期 7~12 月。

• 产地与生长环境 温州沿海岛屿常见。生于路旁、房舍旁、荒地或灌草丛中。

• 用途 全草入药，有健脾、消肿之功效；嫩茎叶也可作蔬菜食用。

黄瓜假还阳参 （苦荬菜）

Crepidiastrum denticulatum (Houtt.) Pak et Kawano

• 菊科 Asteraceae　• 假还阳属 *Crepidiastrum* Nakai

• **形态特征**　一年生或二年生草本，具乳汁。主根细圆锥形，褐色。茎直立，上部多分枝。基生叶花时枯萎，叶片长 5~8cm，宽 2~3cm，先端急尖，基部渐狭成柄，边缘波状齿裂，或羽状分裂，裂片具细锯齿；茎生叶叶片狭卵形，较基生叶稍小，先端急尖，基部耳状，微抱茎，边缘具不规则锯齿。头状花序直径约 1.5cm，排列呈伞房状，具梗；总苞圆筒形，长 6~7mm，总苞片 1 层，苞片小，先端钝或急尖；花全为舌状花，黄色。瘦果纺锤形，黑褐色，具 11~14 条细纵棱，棱间有浅沟，先端具粗短喙；冠毛 1 层，刚毛状，白色。花果期 9~10 月。

• **产地与生长环境**　见于瑞安市凤凰山、小峙山、长腰山等海岛。生于山坡、溪边或灌丛中。

• **用途**　全草药用，具清热解毒、消肿排脓、祛瘀止痛功效。

假还阳参

Crepidiastrum lanceolatum (Houtt.) Nakai

• **菊科** Asteraceae • **假还阳属** ***Crepidiastrum*** Nakai

• 形态特征　多年生草本，具乳汁。茎直立或基部分枝斜升。基生叶匙形，长 10~12cm，宽 2~2.5cm，顶端钝或圆形，基部收窄，边缘全缘，稍厚，两面无毛；茎生叶较小，披针形，长约 4cm，宽 2cm，稀疏排列。头状花序稀疏伞房状排列；总苞圆柱状钟状，总苞片 2 层，披针形，外层小，内层长，两面无毛；花全为舌状，黄色，花冠管外面被柔毛。瘦果扁，近圆柱状，长 4mm，有 10 条纵肋；冠毛白色，糙毛状。花果期 7~11 月。

• 产地与生长环境　温州沿海岛屿常见。生于山坡、灌草丛或沿岸带岩石缝中。

尖裂假还阳参（抱茎苦荬菜）

Crepidiastrum sonchifolium (Maxim.) Pak et Kawan

• 菊科 Asteraceae • 假还阳属 *Crepidiastrum* Nakai

● 形态特征　多年生草本，具乳汁。根长圆锥形，淡黄色。茎直立，上部多分枝。基生叶花时常存在，叶片长 3~6cm，宽约 2cm，先端圆或急尖，基部楔形下延，边缘具齿或不整齐羽状分裂，叶脉羽状，具短柄；中部叶片线状披针形；上部叶片卵状长圆形，先端尾状渐尖，基部耳状抱茎，无柄。头状花序具梗，直径约 1cm，排列呈伞房状圆锥式；总苞圆筒形，长 5~6mm；总苞片 1 层，先端钝；花全为舌状，黄色。瘦果纺锤形，黑色，具 10 条细纵棱，两侧纵棱上具刺状小突起，先端有短喙；冠毛 1 层，刚毛状，白色。花果期 4~6 月。

● 产地与生长环境　见于乐清市大乌岛。生于山坡灌草丛。

● 用途　全株可做饲料；全草可入药，具镇痛功效。

芙蓉菊

Crossostephium chinense (Linn.) Makino

• 菊科 Asteraceae • 芙蓉菊属 *Crossostephium* Less.

• 形态特征 半灌木。茎直立，上部多分枝，密被灰色短柔毛。叶聚生枝顶，叶片狭匙形或狭倒披针形，长 2~4cm，宽约 5mm，全缘或有时 3~5 裂，顶端钝，基部渐狭，两面密被灰色短柔毛，质地厚。头状花序盘状，径约 7mm，生于枝端叶腋，排成有叶的总状花序；总苞半球形；总苞片 3 层，外中层等长，椭圆形，叶质，内层较短小，矩圆形，几无毛，具宽膜质边缘；缘花管状，雌性，1 列，顶端 2~3 裂齿，具腺点；盘花管状，两性，顶端 5 裂齿，外面密生腺点。瘦果矩圆形，长约 1.5mm，基部收狭，具 5~7 棱，被腺点；冠毛撕裂状。花果期遍及全年。

• 产地与生长环境 温州沿海岛屿常见。生于海岸带岩石缝或山坡灌草丛中。

• 用途 根可药用，具祛风湿、消肿痛功效；株型紧凑、叶片银白，可盆栽观赏或用于露地绿化栽培。

鳢肠 （墨旱莲）

Eclipta prostrata Linn.

• 菊科 Asteraceae • 鳢肠属 *Eclipta* Linn.

● 形态特征 一年生草本。茎匍匐或斜升或平卧，通常自基部分枝，被贴生糙毛。叶片长圆状披针形或披针形，无柄或有极短的柄，长 3~8cm，宽 0.5~2cm，边缘有细锯齿或有时仅波状，两面被密硬糙毛，三出脉。头状花序顶生或腋生，径约 7mm，具花序梗；总苞球状钟形，总苞片绿色，草质，2 层，背面及边缘被白色短伏毛；缘花舌状，白色，雌性，盘花管状，两性，白色，顶端 4 齿裂；花托凸，具披针形或线形的托片，托片具微毛。瘦果暗褐色，雌花的瘦果三棱形，两性花的瘦果扁四棱形，顶端截形，具 1~3 个细齿，基部稍缩小，边缘具白色肋，表面有小瘤状突起；冠毛退化。花果期 6~10 月。

● 产地与生长环境 温州沿海岛屿常见。生于荒地、路旁或水沟边。

● 用途 全草入药，具凉血、止血、消肿、强壮功效。

地胆草

Elephantopus sacber Linn.

●菊科 Asteraceae　●地胆草属 *Elephantopus* Linn.

● 形态特征　多年生草本。根状茎平卧或斜升，具多数纤维状根。茎直立，二歧分枝，稍粗糙，密被白色贴生长硬毛。基部叶花期存在，莲座状，叶片匙形或长圆状倒披针形，长5~18cm，宽2~4cm，顶端圆钝或短尖，基部渐狭成宽短柄，边缘具钝锯齿；茎叶少数，向上渐小，倒披针形或长圆状披针形；全部叶片两面被毛，下面具腺点。头状花序多数，在茎或枝端排列呈伞房状，基部被3个叶状苞片所包围，苞片绿色，草质，宽卵形或长圆状卵形，具明显凸起的脉，被长糙毛和腺点；总苞片绿色或上端紫红色，长圆状披针形，顶端渐尖而具刺尖，被短糙毛和腺点；花全为管状，淡紫色。瘦果长圆状线形，顶端截形，基部缩小，具棱，被短柔毛；冠毛污白色，具硬刺毛。花果期7~11月。

● 产地与生长环境　见于苍南县官山岛。生于空旷山坡。

● 用途　全草入药，有清热解毒、消肿利尿之功效。

一点红

Emilia sonchifolia (Linn.) DC.

• 菊科 Asteraceae • 一点红属 *Emilia* Cass.

• 形态特征　一年生草本，具乳汁。茎直立或斜升，通常自基部分枝，无毛或被疏短毛。叶质较厚，下部叶密集，大头羽状分裂，长 5~10cm，顶生裂片宽卵状三角形，具不规则的齿，侧生裂片通常 1 对，长圆形或长圆状披针形，具波状齿，上面深绿色，下面常紫色，两面被短卷毛；中部茎叶疏生，较小，无柄，基部箭状抱茎，全缘或有不规则细齿；上部叶少数，线形。头状花序在枝端排列成疏伞房状；花序梗细，长 2.5~5cm，无苞片；总苞圆柱形，总苞片 1 层，线形，黄绿色，约与小花等长，边缘窄膜质，背面无毛；花全为管状，粉红色或紫色，檐部具 5 深裂。瘦果圆柱形，具 5 棱，肋间被微毛；冠毛白色，细软。花果期 5~11 月。

• 产地与生长环境　温州沿海岛屿常见。生于山坡荒地、路旁。

• 用途　全草药用，具凉血解毒、活血散瘀功效。

一年蓬

Erigeron annuus (Linn.) Pers.

• **菊科** Asteraceae　• **飞蓬属** ***Erigeron*** Linn.

• 形态特征　一年生或二年生草本。茎直立，粗壮，上部有分枝，被开展的长硬毛和上弯的短硬毛。基部叶花期枯萎，长圆形或宽卵形，长 4~15cm，宽 2~4cm，基部狭成具翅的长柄，边缘具粗齿；下部叶与基部叶同形，但叶柄较短，中部和上部叶较小，长圆状披针形或披针形，具短柄或无柄，边缘有不规则齿或近全缘，最上部叶线形；全部叶边缘及两面被疏短硬毛，有时近无毛。头状花序直径 1~1.5cm，数个或多数排列成疏圆锥花序；总苞半球形，总苞片 3 层，披针形，被腺毛和疏长节毛；缘花舌状，雌性，白色或淡蓝；盘花管状，两性，黄色。瘦果披针形，扁压，被疏贴柔毛；冠毛异形，雌花冠毛极短，膜片状连成小冠，两性花冠毛 2 层，外层鳞片状，内层刚毛状。花果期 6~10 月。

• 产地与生长环境　原产北美，乐清市大乌岛，瑞安市铜盘山等海岛有归化。生于路边或山坡荒地。

• 用途　全草可入药，具消食止泻、清热解毒、截疟功效。

野塘蒿 （香丝草）

Erigeron bonariensis Linn.

• 菊科 Asteraceae • 飞蓬属 *Erigeron* Linn.

• **形态特征** 一年生或二年生草本。根纺锤状，具纤维状根。茎直立或斜升，中部以上常分枝，常有斜上不育的侧枝，密被贴短毛和开展疏长毛。基部叶密集，花期常枯萎；下部叶片倒披针形或长圆状披针形，长3~8cm，宽0.5~1.5cm，基部渐狭成长柄，边缘具粗齿或羽状浅裂；中部和上部叶具短柄或无柄，狭披针形或线形，中部叶具齿，上部叶全缘，两面均密被贴糙毛。头状花序径约8~10mm，在茎端排列成总状或总状圆锥花序；总苞椭圆状卵形，总苞片2~3层，线形，背面密被灰白色短糙毛；花托稍平，有明显的蜂窝孔；缘花雌性，多层，白色，花冠细管状；盘花两性，淡黄色，花冠管状。瘦果线状披针形，扁压，被疏短毛；冠毛1层，淡红褐色。花果期5~10月。

• **产地与生长环境** 原产南美，乐清市大乌岛，洞头区北爿山岛，瑞安市铜盘山、凤凰山、大叉山、冬瓜屿、王树段岛、王树段儿屿等岛屿有归化。生于荒地、路旁。

• **用途** 全草入药，具清热祛湿、行气止痛功效。

小蓬草（加拿大蓬、小飞蓬）

Erigeron canadensis Linn.

● 菊科 Asteraceae　● 飞蓬属 *Erigeron* Linn.

● **形态特征**　一年生草本。根纺锤状，具纤维状根。茎直立，圆柱状，有条纹，被疏长硬毛，上部多分枝。基部叶花期常枯萎；下部叶片倒披针形，长 6~10cm，宽 1~1.5cm，顶端尖或渐尖，基部渐狭成柄，边缘具疏锯齿或全缘；中部和上部叶较小，线状披针形或线形，近无柄或无柄；叶片两面或仅上面被疏短毛，边缘被睫毛。头状花序多数，直径 3~4mm，排列成顶生多分枝的大圆锥花序；总苞近圆柱状，总苞片 2~3 层，淡绿色，线状披针形或线形，边缘干膜质，无毛；花托平，具不明显的突起；缘花舌状，雌性，白色，舌片小，稍超出花盘，线形，顶端具 2 个钝小齿；盘花管状，两性，淡黄色，顶端具 4~5 个齿裂。瘦果线状披针形，稍扁压，被微毛；冠毛污白色，糙毛状。花果期 5~10 月。

● **产地与生长环境**　原产北美，温州沿海岛屿广泛归化。生长于荒地和路旁。

● **用途**　嫩茎、叶可作饲料；全草入药，具消炎止血、祛风湿功效。

苏门白酒草

Erigeron sumatrensis Retz.

• 菊科 Asteraceae • 飞蓬属 *Erigeron* Linn.

• **形态特征** 一年生或二年生草本。根纺锤状，具纤维状根。茎粗壮，直立，具条棱，中部以上有分枝，被较密灰白色上弯糙短毛，杂有开展的疏柔毛。基部叶花期凋落；下部叶片倒披针形或披针形，长 6~10cm，宽 1~3cm，基部渐狭成柄，边缘上部每边常有粗齿，基部全缘；中部和上部叶渐小，狭披针形或近线形，具齿或全缘；全部叶片两面特别下面被密糙短毛。头状花序多数，直径 5~8mm，在茎枝端排列成大型圆锥花序；总苞卵状短圆柱状，总苞片 3 层，灰绿色，线状披针形或线形，背面被糙短毛，边缘干膜质；花托稍平，具明显小窝孔；缘花细管状，雌性，多层，淡黄色，结实；盘花管状，两性，淡黄色，结实。瘦果线状披针形，扁压，被微毛；冠毛初时白色，后变黄褐色。花期 5~11 月。

• **产地与生长环境** 原产南美，温州沿海岛屿广泛归化。生于山坡草地和路旁。

• **用途** 全草可药用，具祛风通络、温经止血功效。

白酒草

Eschenbachia japonica (Thunb.) J. Koster

• **菊科** Asteraceae　　• **白酒草属** *Eschenbachia* Moench

● 形态特征　一年生或二年生草本。茎直立，具细条纹，少分枝，全株被白色长柔毛或短糙毛。叶通常密集于茎较下部，叶片倒卵状披针形，边缘有锯齿，长 6~7cm，宽 2~3cm，两面被长柔毛，上部叶渐小；基生叶具短叶柄，茎生叶近无柄而抱茎。头状花序在茎及枝端聚成伞房状，稀单生；花序梗密被长柔毛；总苞半球形，总苞片约 3 层，覆瓦状，边缘膜质，多少紫色，背面沿中脉绿色，被长柔毛，干时常反折；缘花雌性，极多数，花冠丝状，黄色或带紫色，顶端有微毛，结实；盘花管状，两性，少数，上部有卵形裂片，裂片顶端有微毛；花托半球形，中央明显凸起，两性花的窝孔较外围雌花的大。瘦果长圆形，黄色，扁压，两端缩小；冠毛污白色或稍红色，糙毛状。花果期 5~9 月。

● 产地与生长环境　见于洞头区青山岛，瑞安市铜盘山、凤凰山，平阳县大檑山屿等海岛。生于路旁、山坡灌草丛或林缘。

● 用途　根或全草药用，具消肿镇痛、祛风化痰功效。

泽兰（白头婆）

Eupatorium japonicum Thunb.

• **菊科** Asteraceae　• **泽兰属** ***Eupatorium*** **Linn.**

• 形态特征　多年生草本。茎直立，被白色短柔毛，通常不分枝，仅上部有伞房状花序分枝，花序分枝上的毛较密，茎下部花期疏毛。叶对生；基部叶花期枯萎；中部茎叶片椭圆形或卵状长椭圆形，基部宽或狭楔形，顶端渐尖，边缘具裂齿，羽状脉在下面突起，两面具毛和腺点或至少叶下面具腺点；叶柄长 1~2cm；自中部向上及向下部的叶渐小，与茎中部叶同形。头状花序在茎顶或枝端排成紧密的伞房花序；总苞钟状，总苞片覆瓦状排列，3 层，外层极短，披针形，中层及内层苞片渐长，长椭圆形或长椭圆状披针形；全部苞片绿色或带紫红色，顶端钝或圆形；头状花序具 5 花，花管状，白色或粉红色，花冠外面有较稠密的黄色腺点。瘦果淡黑褐色，椭圆状，具 5 棱，被多数黄色腺点；冠毛白色。花果期 6~11 月。

• 产地与生长环境　见于瑞安大叉山。生于山坡灌丛中。

• 用途　本种全草药用，性凉，具消热消炎功效。

大吴风草

Farfugium japonicum (Linn.) Kitam.

● 菊科 Asteraceae　● 大吴风草属 ***Farfugium*** **Lindl.**

● 形态特征　多年生草本。根茎粗壮。叶基生，莲座状，叶质厚，近革质，叶片肾形，先端圆形，全缘或有小齿至掌状浅裂，两面幼时被灰色柔毛，后脱毛，上面绿色，下面淡绿色；叶柄长10~40cm，基部扩大，抱茎，鞘内被密毛；茎生叶1~3，苞叶状，长圆形或线状披针形，长1~2cm。花葶幼时被密的淡黄色柔毛，后多少脱毛，基部被极密的柔毛。头状花序排列成伞房状花序；花序梗被毛；总苞钟形或宽陀螺形，总苞片2层，长圆形，背部被毛，内层边缘褐色宽膜质；缘花舌状，黄色，舌片长圆形或匙状长圆形；盘花管状，花药基部有尾。瘦果圆柱形，具纵肋，被成行的短毛；冠毛白色，与花冠等长。花果期8月至翌年3月。

● 产地与生长环境　温州沿海岛屿常见。生于海岸石缝中、竹林、灌草丛及林下。

● 用途　常用作园林绿化造景；根可入药；叶片含挥发油，具杀虫功效。

鹿角草

Glossocardia bidens (Retz.) Veldkamp

• 菊科 Asteraceae　• 鹿角草属 *Glossogyne* Cass.

• 形态特征　一年生草本。茎自基部分枝，小枝平展或斜升，具棱，多少有毛。基生叶密集，花后存在，羽状深裂，裂片 2~3 对，线形，顶端稍钝，具尖头，具长柄；茎生叶对生或互生，羽状深裂，有短柄；上部叶细小，线形。头状花序顶生，径约 7mm，有 1 线状长圆形苞叶；总苞片长圆状披针形，有条纹，上端钝，边缘膜质，稍有缘毛；缘花舌状，黄色，舌片宽椭圆形，顶端有 3 个宽齿；盘花管状，顶端 4 齿裂。瘦果黑色，无毛，扁平，线形，具条纹，顶端具芒刺 2 枚。花果期 6~9 月。

• 产地与生长环境　见于洞头区大竹峙岛。生于沙地草丛及岩石缝。

• 用途　全草药用，具清热解毒、活血祛瘀功效。

宽叶鼠麹草

Gnaphalium adnatum (Wall. ex DC.) Kitam.

• 菊科 Asteraceae　• 鼠麹草属 *Gnaphalium* Linn.

• **形态特征**　多年生草本。茎直立，粗壮，基部木质，下部通常不分枝，上部有伞房状分枝，密被白色棉毛。基生叶花期凋落；中部及下部叶倒披针状长圆形或倒卵状长圆形，长4~9cm，宽1~2.5cm，基部下延抱茎，两面密被白色棉毛，中脉在两面均隆起，侧脉1对，被密棉毛而不明显；上部花序枝的叶小，线形。头状花序径约5mm，在枝端密集成球状，在茎上排成大的伞房花序；总苞近球形；总苞片3~4层，干膜质，淡黄色或黄白色，长约4mm，外层倒卵形或倒披针形，内层长圆形或狭长圆形；缘花细管状，雌性，多数，结实，顶部3~4齿裂，具腺点；盘花管状，两性，较少，通常5~7个，上部稍扩大，檐部5裂，裂片具腺点。瘦果圆柱形，具乳头状突起；冠毛白色。花果期8~10月。

• **产地与生长环境**　见于洞头区东策岛，瑞安市北龙山、小峙山等海岛。生于山坡、路旁或灌丛中。

• **用途**　叶或全草药用，具消肿、止血功效。

鼠麹草

Gnaphalium affine D. Don

• **菊科** Asteraceae • **鼠麹草属** ***Gnaphalium*** Linn.

• 形态特征 二年生草本。茎直立，通常基部分枝，丛生状，被白色厚棉毛。基部叶片花后凋落，中部及下部叶片匙状倒披针形或倒卵状匙形，长 3~7cm，宽 3~10mm，先端圆形，基部下延，全缘，两面被白色棉毛，下面较密；叶无柄；上部叶稍下延，顶端圆，具刺尖头，两面被白色棉毛。头状花序较多，径约 3mm，近无柄，在枝顶密集成伞房花序；总苞钟形，径约 3mm；总苞片 2~3 层，金黄色，膜质，有光泽，外层倒卵形或匙状倒卵形，背面基部被棉毛，内层长匙形，背面通常无毛；花托中央稍凹入，无毛；缘花细管状，雌性，多数，顶端 3 齿裂，裂片无毛；盘花管状，两性，较少，檐部 5 浅裂，裂片三角状，无毛。瘦果倒卵形或倒卵状圆柱形，有乳头状突起；冠毛粗糙，污白色，基部联合。花果期遍及全年。

• 产地与生长环境 温州沿海岛屿常见。生于荒地、路旁及灌草丛中。

• 用途 嫩茎叶食用，可用于制作糕点；全草可以药用，具镇咳、祛痰、降压功效。

秋鼠麹草

Gnaphaliun hypoleucum DC.

• 菊科 Asteraceae　• 鼠麹草属 *Gnaphalium* Linn.

● 形态特征　一年生草本。茎直立，密被白色棉毛或于花期基部脱落变稀疏。基部叶片通常花后凋落；下部叶线形，长 4~8cm，宽 3~7mm，基部略狭，稍抱茎，顶端渐尖，上面有腺毛，下面密被白色棉毛，叶脉 1 条，上面明显，在下面不明显；无叶柄；中部和上部叶较小。头状花序多数，径约 4mm，在枝端密集成伞房花序；总苞球形，径约 4mm，总苞片 4 层，金黄色，有光泽，膜质或上半部膜质，外层倒卵形，背面被白色棉毛，内层线形，背面通常无毛；缘花细管状，雌性，多数，顶端 3 齿裂；盘花管状，两性，较少，檐部 5 浅裂，裂片无毛。瘦果卵形或卵状圆柱形，顶端截平，具细点，无毛；冠毛绢毛状，污黄色，基部分离。花果期 8~12 月。

● 产地与生长环境　见于瑞安市长大山、王树段岛、铜盘山岛等海岛。生于空旷沙土地或山坡路旁。

● 用途　全草可药用，具祛风止咳、清热利湿功效。

细叶鼠麴草（白背鼠麴草）

Gnaphalium japonicum Thunb.

• 菊科 Asteraceae • 鼠麴草属 *Gnaphalium* Linn.

• **形态特征** 多年生草本。茎细弱，通常基部发出数条匍匐的小枝，有细沟纹，密被白色棉毛。基生叶在花期宿存，呈莲座状，叶片线状披针形或线状倒披针形，长3~10cm，宽3~7mm，基部渐狭下延，顶端具短尖头，边缘多少反卷，上面绿色，疏被棉毛，下面白色，厚被白色棉毛，叶脉1条，在上面常凹入或不显著，在下面明显突起；茎生叶向上逐渐短小，线形，紧接复头状花序下面有3~6片呈放射状排列线形小叶。头状花序少数，径2~3mm，无梗，在枝端密集成球状；总苞近钟形，径约3mm，总苞片3层，外层宽椭圆形，干膜质，背面被疏毛，中层倒卵状长圆形，内层线形；缘花管状，雌性，多数，顶端3齿裂；盘花管状，两性，少数，檐部5浅裂，裂片顶端具短尖头。瘦果纺锤状圆柱形，密被棒状腺体；冠毛粗糙，白色。花果期4~9月。

• **产地与生长环境** 温州沿海岛屿常见。生于山坡灌草丛或林缘。

• **用途** 全草药用，具清热、利尿、明目功效。

匙叶鼠麴草

Gnaphalium pensylvanicum Willd.

●菊科 Asteraceae　●鼠麴草属 *Gnaphalium* Linn.

● 形态特征　一年生草本。茎直立或斜升，基部斜倾分枝或不分枝，有沟纹，被白色绵毛。下部叶片匙形或倒披针形，长 3~10cm，宽 1~2cm，先端钝圆或有时中脉延伸呈刺尖状，全缘或微波状，基部常渐狭下延，上面被疏毛，下面密被灰白色棉毛，侧脉 2~3 对，有时不明显，无叶柄；中部叶匙状长圆形；上部叶小，与中部叶同形。头状花序多数，径约 3mm，数个成束簇生，再排列成顶生或腋生、紧密的穗状花序；总苞卵形，径约 3mm，总苞片 2 层，污黄色或麦秆黄色，膜质，外层卵状长圆形，背面被绵毛，内层与外层近等长，线形，背面疏被绵毛；花托全凹入，无毛；缘花细管状，雌性，多数，顶端 3 齿裂；盘花管状，两性，少数，檐部 5 浅裂，裂片三角形，无毛。瘦果长圆形，有乳头状突起；冠毛绢毛状，污白色，基部连合成环。花果期 4~6 月。

● 产地与生长环境　见于洞头区大竹峙岛、乌星岛，瑞安市铜盘山、北龙山、大明莆、小叉山，苍南县东星仔岛等海岛。生于荒地或山坡路旁。

多茎鼠麴草

Gnaphalium polycaulon Pers.

• 菊科 Asteraceae • 鼠麴草属 *Gnaphalium* Linn.

● 形态特征　一年生草本。茎多分枝，下部匍匐或斜升，密被白色棉毛或基部有时多少脱毛。下部叶倒披针形，长 2~4cm，宽 4~8mm，全缘或有时微波状，两面被白色棉毛或上面有时多少脱毛，顶端通常短尖，基部常渐狭下延，无柄；中部和上部的叶较小，倒卵状长圆形或匙状长圆形，向下渐长狭，顶端具短尖头或中脉延伸成刺尖状。头状花序多数，茎约 3mm，在茎枝顶端密集成穗状花序；总苞卵形，总苞片 2 层，麦秆黄色或污黄色，膜质，外层长圆状披针形，背面中部以下沿脊有淡红色条状增厚，被棉毛，内层线形；花托干时平或仅于中央稍凹入，无毛；缘花细管状，雌性，多数，顶端 3 齿裂；盘花管状，两性，少数，檐部 5 浅裂，裂片无毛。瘦果圆柱形，具乳头状突起；冠毛绢毛状，污白色，基部分离。花果期 1~6 月。

● 产地与生长环境　见于洞头区乌星岛。生于山坡灌草丛和荒地。

● 用途　全草可药用，具祛痰、止咳、平喘功效。

红风菜（二色三七草）

Gynura bicolor (Rox. ex Will.) DC.

• 菊科 Asteraceae　• 菊三七属 *Gynura* Cass.

• 形态特征　多年生草本。茎直立，柔软肉质，基部稍木质，上部有伞房状分枝，具细棱，嫩枝被微毛，后脱落无毛。叶片倒卵形或倒披针形，长 5~15cm，宽 3~6cm，边缘有不规则的波状齿，上面绿色，下面紫色，两面无毛，先端尖或渐尖，基部楔状渐狭成具翅的叶柄，或近无柄；上部和分枝上的叶较小，披针形至线状披针形，具短柄或近无柄。头状花序顶生或腋生，排列成疏伞房状；总苞狭钟状，总苞片 1 层，线状披针形或线形，边缘干膜质，背面具 3 条明显的肋，无毛；缘花管状，橙黄色；盘花管状，橙红色。瘦果圆柱形，淡褐色，具纵肋，无毛；冠毛白色，绢毛状，易脱落。花果期 10 月。

• 产地与生长环境　见于洞头本岛、大门岛，瑞安市铜盘山等有居民海岛。生于山坡路旁。

• 用途　嫩枝供食用；也可药用，具清热凉血、活血、解毒消肿功效。

旋覆花

Inula japonica Thunb.

• 菊科 Asteraceae • 旋覆花属 *Inula* Linn.

● 形态特征 多年生草本。根状茎短，横走或斜升。茎直立，具细沟，被长伏毛，或下部有时脱毛，上部有分枝。基部和下部的叶常较小，在花期枯萎；中部叶长圆形或长圆状披针形，长 4~12cm，宽 1.5~3.5cm，边缘有小尖头状疏齿或全缘，两面有疏毛，下面有腺点，脉上具较密的长毛，顶端急尖，基部狭窄，半抱茎；上部叶渐狭小。头状花序具梗，径 3~4cm，排列成疏散的伞房花序；总苞半球形，总苞片约 6 层，线状披针形，近等长，最外层常叶质而较长；外层背面有伏毛或近无毛，有缘毛；内层干膜质，有腺点和缘毛；缘花舌状，黄色，盘花管状。瘦果圆柱形，有 10 条沟，顶端截形；冠毛 1 层，白色。花果期 6~11 月。

● 产地与生长环境 见于洞头本岛，平阳县南麂岛。生于山坡路旁。

● 用途 全草药用，具平喘镇咳、健胃功效。

齿缘苦荬菜（小苦荬）

Ixeridium dentatum (Thunb.) Tzvel.

• 菊科 Asteraceae • 小苦荬属 ***Ixeridium*** (A. Gray) Tzvel.

● 形态特征　多年生草本，具乳汁。根壮茎缩。茎直立，上部多分枝，无毛。基生叶长倒披针形或倒长圆状披针形，长 3~10cm，宽 1~2cm，边缘具锯齿或稍羽状分裂或全缘，先端急尖，基部渐狭下延；茎叶少数，叶片披针形或长椭圆状披针形，不分裂，基部扩大抱茎，中部以下边缘或基部边缘有缘毛状锯齿，无柄；全部叶两面无毛。头状花序茎约 1.5cm，多数，在茎枝顶端排成伞房状花序，花序梗细；总苞圆柱状，长约 7mm，总苞片披针形；全为舌状花，黄色，顶端 5 齿裂。瘦果纺锤形，具 10 条细肋，顶端具短喙；冠毛，刚毛状，白色。花果期 4~8 月。

● 产地与生长环境　见于洞头区大竹峙岛、鸭屿、北小门岛，平阳县琵琶山等海岛。生于山坡或荒地。

平滑苦荬菜 （褐冠小苦荬）

Ixeridium laevigatum (Bl.) Pak et Kawano

• 菊科 Asteraceae　• 小苦荬属 *Ixeridium*（A. Gray）Tzvel.

• **形态特征**　多年生草本，具乳汁。茎单生或簇生，上部分枝，无毛。基生叶椭圆形、长椭圆形、倒披针形或狭线形，长 5~18cm，宽 0.5~3cm，边缘有凹齿，齿顶有小尖头，极少全缘或羽状深裂；叶柄具狭翼，翼缘常有稀疏缘毛或小锯叶；茎生叶少数，不分裂，与基生叶同形，无柄或具短柄；全部叶两面无毛。头状花序小，多数，在茎枝顶端排成伞房花序或圆锥状花序，花序梗纤细。总苞圆柱状，长约 5mm，总苞片 2 层，外层小，卵状披针形，内层长，线状披针形，下部沿中脉海绵质增厚；舌状小花 10~11 枚，黄色。瘦果褐色，长圆锥状，有 10 条钝肋，上部沿肋有微刺毛，上部渐狭成细喙；冠毛褐色或麦秆黄色，微粗糙。花果期 3~8 月。

• **产地与生长环境**　见于洞头区东策岛、鸭屿，瑞安市铜盘山、北龙山，苍南县官山岛等海岛。生于山坡林缘或灌草丛中。

台湾翅果菊

Lactuca formosana Maxim.

• 菊科 Asteraceae　• 莴苣属 *Lactuca* Linn.

• 形态特征　一年生或二年生草本，具乳汁。主根圆锥状。茎直立，中部以上多分枝，被稀疏的柔毛，有时毛较密。下部及中部叶片倒卵状椭圆形，先端急尖，基部耳状抱茎，羽状深裂或几全裂，裂片边缘有锯齿；上部茎叶与中部茎叶同形并等样分裂或不裂而为披针形，边缘全缘，基部耳状半抱茎；全部叶两面粗糙被短毛，下面沿脉有刺毛。头状花序茎约1.5cm，多数，在茎枝顶端排成伞房状花序；总苞卵球形，总苞片约4层；花全为舌状花，淡黄色。瘦果椭圆形，压扁，棕黑色，每面具3肋，中肋明显，边缘有宽翅，顶端具细喙，喙长约2mm；冠毛刚毛状，白色。花果期5~11月。

• 产地与生长环境　见于乐清市大乌岛，洞头区乌星岛，瑞安市凤凰山，平阳县琵琶山、大檑山、柴峙岛、上头屿，苍南县外圆山仔屿等海岛。生于山坡草地及路旁。

翅果菊

Lactuca indica Linn.

• 菊科 Asteraceae　• 莴苣属 *Lactuca* Linn.

• 形态特征　二年生草本，具乳汁。主根圆锥形。茎直立，常不分枝，无毛。叶片纸质，下部早落，中上部披针形，长 13~17cm，宽 1~1.6cm，先端渐尖，基部抱茎，全缘或二回羽状或倒向羽状分裂，边缘具针刺，上面暗绿色，无毛，下面浅绿色，无毛或沿中脉被极稀疏的刺毛；上部叶片较小。头状花序径约 2cm，在茎枝顶端排列呈圆锥状；总苞钟状，直径 3~6mm，总苞片 3~4 层，无毛；花全为舌状花，淡黄色，舌片长约 9mm。瘦果椭圆形，压扁，深褐色，每面具 1 纵肋，边缘有宽翅，喙粗短，长约 1mm；冠毛白色，刚毛状。花果期 6~10 月。

• 产地与生长环境　温州沿海岛屿常见。生于山坡路旁和荒地。

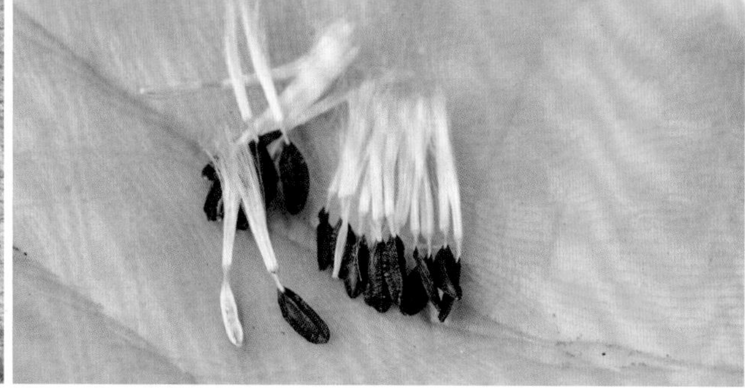

稻槎菜

Lapsanastrum apogonoides (Maxim.) Pak et K.Bremer

● 菊科 Asteraceae　● 稻槎菜属 *Lapsanastrum* Pak et K. Bremer

● 形态特征　一年生矮小草本，具乳汁。茎细弱，多分枝，被细柔毛或无毛。基生叶丛生，叶片椭圆形，长 3~9cm，宽 1~2.5cm，大头羽状分裂或几全裂，顶裂片卵形，先端及边缘大锯齿顶具小尖头，侧裂片 2~3 对，椭圆形，边缘全缘或有极稀疏针刺状小尖头，叶柄长 1~2cm；茎生叶少数，与基生叶同形并等样分裂，向上茎叶渐小，不裂，具柄或无柄；全部叶片两面同色，几无毛。头状花序在茎枝顶端排列成疏松的伞房状圆锥花序，花序梗纤细；总苞圆筒状，总苞片 2 层，外层卵状披针形，内层椭圆状披针形，先端喙状；花全为舌状花，黄色。瘦果长圆形，稍压扁，每面具 5~7 条纵肋，肋上有微粗毛，顶端两侧各有 1 枚下垂的长钩刺，无冠毛。花果期 1~6 月。

● 产地与生长环境　见于瑞安市铜盘山、苍南县东星仔岛。生于山坡灌草丛。

● 用途　全草可作猪饲料；也可药用，具清热解毒、发表透疹功效。

卤地菊

Melanthera prostrata (Hemls.) W. L. Wagner et H. Rob.

● **菊科 Asteraceae** ● **卤地菊属 *Melanthera* Rohr**

● 形态特征　一年生草本。植株密被疣基短糙毛。茎匍匐，多分枝，基部茎节生不定根。叶对生；叶片披针形或长圆状披针形，长 1~2cm，宽 0.5~1cm，基部稍狭，顶端钝，边缘有 1~3 对不规则的粗齿，稀全缘，中脉和近基发出 1 对侧脉，无网状脉；叶柄短或无柄。头状花序少数，径约 1cm，单生茎顶或上部叶腋，无花序梗或具短梗；总苞近球形，径约 9mm，总苞片 2 层；托片折叠成倒卵状长圆形，背面仅上端疏被短糙毛；缘花舌状，1 层，黄色，舌片长圆形，顶端 3 浅裂，常以中间的裂片较小；盘花管状，黄色，檐部 5 裂，裂片近三角形，疏被短毛。瘦果倒卵状三棱形，顶端截平，但中央稍凹入，凹入处密被短毛；无冠毛及冠毛环。花果期 6~10 月。

● 产地与生长环境　见于洞头区北小门岛、瑞安市铜盘山、苍南县东星仔岛等海岛。生于海岸沙土地。

● 用途　全草药用，具清热解毒功效。

兔耳一枝箭 （毛大丁草）

Piloselloides hirsuta (Forssk.) C. Jeffrey ex Cufod.

● 菊科 Asteraceae　● 兔耳一枝箭属 *Piloselloides* (Less.) C. Jeffrey ex Cufod.

● 形态特征　多年生草本。主根肥厚，密被绒毛。叶簇生于茎基部；叶片长圆形或卵形，长5~10cm，宽2.5~5cm，先端钝或圆，基部楔形，边缘全缘，幼时上面具柔毛，老时脱落，下面密被绒毛。花茎直立，单生，高10~30cm，被淡褐色绵毛；头状花序单生，直径约3.5cm；总苞钟形；总苞片密被淡褐色绵毛；缘花2层，外层舌状，内层长管状，二唇形，雌性，结实；盘花管状，稍二唇形，两性，结实。瘦果纺锤形，稍扁，有纵肋和细柔毛，喙在花时短，成熟时则与瘦果等长；冠毛橙红色。花果期4~5月。

● 产地与生长环境　见于苍南县草屿岛。生于山坡灌草丛。

● 用途　全草药用，具清热解毒、宣肺止咳、行气活血功效。

豨莶

Siegesbeckia orientalis Linn.

● 菊科 Asteraceae　● 豨莶属 *Siegesbeckia* Linn.

● 形态特征　一年生草本。茎直立，上部的分枝常成复二歧状，被灰白色短柔毛。基部叶花期枯萎；中部叶三角状卵圆形或卵状披针形，长 4~18cm，宽 4~10cm，基部阔楔形，下延成具翼的柄，顶端急尖，边缘有规则的浅裂或粗齿，具腺点，两面被毛，三出基脉，侧脉及网脉明显；上部叶渐小，卵状长圆形，边缘浅波状或全缘，近无柄。头状花序径 1.5~2cm，排列成具叶的伞房状花序，花序梗密生短柔毛；总苞阔钟状，总苞片 2 层，背面被头状具柄的腺毛；托片长圆形，内弯，背部具腺毛；缘花舌状，雌性，黄色，结实；盘花管状，两性，结实。瘦果倒卵圆形，具棱，顶端有灰褐色环状突起，无冠毛。花果期 4~11 月。

● 产地与生长环境　见于洞头区北小门岛，瑞安市铜盘山、下岙岛，苍南县东星仔岛、官山岛、草峙岛、冬瓜山屿等海岛。生于山坡灌草丛、荒地及林缘。

● 用途　全草供药用，有解毒、镇痛功效。

加拿大一枝黄花

Solidago canadensis Linn.

●菊科 Asteraceae　●一枝黄花属 *Solidago* Linn.

● 形态特征　多年生草本。茎直立，具短糙毛，高达 2.5m。叶互生；叶片披针形或线状披针形，长 5~12cm，下部叶片先端渐尖，边缘具尖锐锯齿，上部叶片全缘；叶片具 3 纵脉，上面具短柔毛，下面无毛或具柔毛，叶脉密生柔毛。头状花序，径约 5mm，在花序分枝上单面着生，排列成蝎尾状，再组合形成开展的大型圆锥状花序；总苞片线状披针形，长 3~4mm；缘花舌状，金黄色，雌性；盘花管状，黄色，两性。瘦果具白色冠毛。花果期 8~11 月。

● 产地与生长环境　原产北美，洞头区北爿山岛、南爿山岛、青山岛，瑞安市凤凰山等岛屿有归化。生于山坡灌草丛及荒地。

● 用途　全草可药用，具疏风解毒、消肿止痛功效。

一枝黄花

Solidago decurrens Lour.

● 菊科 Asteraceae　● 一枝黄花属 *Solidago* Linn.

● 形态特征　多年生草本。茎直立，通常细弱，高不及 1m，不分枝或中部以上有分枝。中部茎叶椭圆形，长椭圆形或宽披针形，长 2~5cm，宽 1~2cm，下部楔形渐窄，有具翅的柄，仅中部以上边缘有细齿或全缘；向上叶渐小；全部叶片质地较厚，叶两面、沿脉及叶缘有短柔毛或下面无毛。头状花序径约 8mm，排列成紧密或疏松的总状或圆锥状花序；总苞片 3~5 层，披针形或披狭针形；缘花舌状，舌片椭圆形，黄色，雌性；盘花管状，两性。瘦果圆筒形，具棱，无毛或极少有在顶端被稀疏柔毛；冠毛粗糙。花果期 9~11 月。

● 产地与生长环境　见于洞头区大竹峙岛、东策岛，瑞安市北龙山、冬瓜屿、王树段岛，平阳县南麂岛、大檑山屿，苍南县官山岛等海岛。生于山坡灌草丛、林缘。

● 用途　全草入药，具疏风解毒、退热行血、消肿止痛功效。

裸柱菊

Soliva anthemifolia (Juss.) R. Br.

• **菊科** Asteraceae　• **裸柱菊属** ***Soliva*** Ruiz et Pav.

● 形态特征　一年生矮小草本。茎极短，平卧。叶互基生或互生，有柄，长 5~10cm，2~3 回羽状分裂，裂片线形，全缘或 3 裂，被长柔毛或近于无毛。头状花序近球形，无梗，生于茎基部；总苞片 2 层，矩圆形或披针形，边缘干膜质；缘花多数，雌性，无花冠，结实；盘花管状，两性，少数，黄色，常不结实。瘦果倒披针形，扁平，有厚翅，顶端圆形，有长柔毛，花柱宿存，下部翅上有横皱纹。花果期全年。

● 产地与生长环境　原产南美洲，见于洞头区北小门岛、苍南县草屿岛。生于村旁空地及山坡荒地。

● 用途　全草药用，有小毒，具解毒散结功效。

续断菊（花叶滇苦菜）

Sonchus asper (Linn.) Hill.

• 菊科 Asteraceae　• 苦苣菜属 *Sonchus* Linn.

● 形态特征　一年生草本，具乳汁。根倒圆锥状，褐色茎直立，有纵纹或纵棱，上部分具分枝，全部茎枝光滑无毛或上部及花梗被头状具柄的腺毛。基生叶与茎生叶同型，但较小；中下部茎叶长椭圆形，羽状浅裂、半裂或深裂，侧裂片椭圆形、三角形或宽镰刀形，基部渐狭成短或较长的翼柄，柄基耳状抱茎或基部无柄，耳状抱茎；上部茎叶披针形，不裂，基部扩大，耳状抱茎；全部叶及裂片与抱茎的圆耳边缘有尖齿刺，两面光滑无毛。头状花序具梗，在茎枝顶端排成伞房状花序；总苞宽钟状，总苞片 3~4 层，向内层渐长，覆瓦状排列，全部苞片顶端急尖，外面光滑无毛；花全为舌状，黄色。瘦果倒披针状，褐色，压扁，两面各有 3 条细纵肋，肋间无横皱纹；冠毛白色，基部连合成环。花果期 5~11 月。

● 产地与生长环境　原产欧洲，瑞安市王树段岛有归化。生于山坡空旷地。

● 用途　全草可供药用，具清热解毒功效。

苦苣菜

Sonchus oleraceus Linn.

• 菊科 Asteraceae　• 苦苣菜属 *Sonchus* Linn.

• 形态特征　一年生或二年生草本，具乳汁。根圆锥状。茎直立，中空，有纵条棱或条纹，不分枝或上部分枝，全部茎枝光滑无毛，或上部分枝被头状具柄褐色腺毛。叶互生；叶片长椭圆形或倒披针形，羽状深裂，或大头羽状深裂，或基生叶不裂，叶基部渐狭成翼柄，基部扩大耳状抱茎，边缘具刺状尖齿和不规则锯齿。头状花序径约 2cm，具长梗，梗被腺毛，在茎枝顶端排成伞房花序或总状花序或单生茎枝顶端；总苞宽钟状，总苞片 3~4 层，覆瓦状排列，向内层渐长，全部总苞片顶端急尖，外面无毛或外层或中内层上部沿中脉具腺毛；花全为舌状，多数，黄色。瘦果褐色，长椭圆形，压扁，每面各有 3 条细脉，肋间有横皱纹，顶端狭，无喙；冠毛白色。花果期 3~10 月。

• 产地与生长环境　原产欧洲，温州沿海岛屿常见归化。生于海岸带乱石堆、山坡、荒地或林缘。

• 用途　全草入药，有祛湿、清热解毒功效。

蟛蜞菊

Sphagneticola calendulacea (Linn.) Pruski

• 菊科 Asteraceae　• 蟛蜞菊属 *Sphagneticola* O. Hoffm.

- **形态特征**　多年生草本，全株密被短糙毛。茎匍匐，上部近直立，多分枝，具沟纹，基部各节生出不定根。叶对生；叶片椭圆形、倒披针形，长 2~6cm，宽 6~13mm，基部狭，先端短尖或钝，全缘或有 1~3 对疏粗齿，中脉在上面明显或有时不明显，在下面稍凸起，侧脉 1~2 对，通常仅有下部离基发出的 1 对较明显，无网状脉；无柄。头状花序径约 1cm，单生于枝顶或叶腋内，花序梗细长；总苞钟形，径约 1cm，总苞 2 层，内层较小，上半部有缘毛；托片折叠成线形，较总苞片略短；无毛缘花舌状，黄色，舌片卵状长圆形；盘花管状，黄色，檐部 5 裂，裂片卵形。瘦果倒卵形，多疣状突起，具 3 棱，边缘增厚；无冠毛，有具细齿的冠毛环。花果期 3~9 月。
- **产地与生长环境**　见于瑞安市王树段岛。生于山坡灌草丛。
- **用途**　全草药用，具清热解毒、凉血散瘀功效。

钻叶紫菀

Aster subulatus (Michx.) G. L. Nesom

● **菊科 Asteraceae** ● **紫菀属 *Aser* Nees**

● 形态特征　一年生草本，全株无毛。茎直立，稍肉质，基部常略紫红色，上部多分枝。叶片倒披针形或线状披针形，长6~9cm，宽5~10mm，先端急尖，基部楔形，全缘，无叶柄；上部叶片渐狭窄至线形。头状花序排列呈圆锥状，径约8mm；总苞钟形，总苞片3~4层，线状钻形，背部绿色，边缘膜质，顶端略带红色；缘花舌状，细小，淡红色；盘花管状。瘦果长圆形，略被毛，冠毛红褐色。花果期9~10月。

● 产地与生长环境　原产北美，温州沿海岛屿常见归化。生于沿岸带石堆、路旁、山坡、荒地及灌草丛中。

● 用途　全草药用，具清热解毒功效。

蒲公英

Taraxacum mongolicum Hand. -Mazz.

• 菊科 Asteraceae • 蒲公英属 *Taraxacum* F. H. Wigg.

● 形态特征 多年生草本。根圆柱形。植株被蛛丝状柔毛。叶基生；叶片倒狭卵形或倒卵状披针形，长 5~10cm，宽 1~2cm，边缘具细齿、波状齿、羽状浅裂至倒向羽状深裂，顶生裂片较大，三角状戟形，侧生裂片较小，宽三角形，下面近无毛；叶柄具翅。花葶与叶等长或较之稍长；头状花序直径达 3.5cm，单生于枝顶；总苞钟形；花全为舌状花，多数，黄色。瘦果长椭圆形，暗褐色，具纵棱和横瘤，横瘤或具刺状突起，具长喙；冠毛刚毛状，白色。花果期 4~6 月。

● 产地与生长环境 见于洞头区本岛。生于山坡荒地。

● 用途 全草药用，具清热解毒、利尿散结功效。

碱菀

Tripolium pannonicum (Jacq.) Dobrocz.

• 菊科 Asteraceae • 碱菀属 *Tripolium* Nees

• 形态特征 一年生草本。茎直立，单生或数枝丛生，下部常带红色，无毛，上部有多少开展的分枝。基部叶在花期枯萎；下部叶条形，长 5~10cm，宽 0.5~1.2cm，先端尖，全缘或有具小尖头的疏锯齿；中部叶渐狭，无柄；上部叶渐小，苞叶状；全部叶无毛，肉质。头状花序排成伞房状，有长花序梗；总苞近管状，花后钟状，总苞片 2~3 层，覆瓦状排列；缘花舌状，雌性，舌片长约 1cm，淡紫色或淡黄色；盘花管状，黄色，两性。瘦果狭长圆形，稍扁，有边肋，两面各有 1 脉，被疏毛；冠毛污白色，花后增长，可达 2cm 长，有多层极细的微糙毛。花果期 8~12 月。

• 产地与生长环境 见于瑞安市长大山岛。生于海岸沙地和石堆中。

夜香牛

Vernonia cinerea (Linn.) Less.

● 菊科 Asteraceae　● 斑鸠菊属 *Vernonia* Schreb.

● 形态特征　一年生或多年生草本。茎直立，通常上部分枝，具条纹，被灰色贴生短柔毛，具腺点。下部和中部叶片菱状卵形、菱状长圆形或卵形，长 3~6.5cm，宽 1.5~3cm，顶端尖或稍钝，基部楔状狭成具翅的柄，边缘有具小尖的疏锯齿，或波状，侧脉 3~4 对，上面被疏短毛，下面特别沿脉被灰白色或淡黄色短柔毛，两面均有腺点；具叶柄；上部叶渐尖，具短柄或近无柄。头状花序径约 7mm，在茎枝端排列成伞房状圆锥花序；花序梗细长，具线形小苞片或无苞片，被密短柔毛；总苞钟状，总苞片 4 层，绿色或有时紫色，背面被短柔毛和腺点；花托平，具边缘有细齿的窝孔；花淡红紫色，花冠管状，具腺点，上部稍扩大，裂片线状披针形，顶端外面被短微毛及腺点。瘦果圆柱形，顶端截形，基部缩小，被密短毛和腺点；冠毛白色。花果期 7~11 月。

● 产地与生长环境　见于瑞安市铜盘山、北龙山、长大山、荔枝岛、王树段岛，苍南县东星仔岛、官山岛等海岛。生于山坡、路旁及林下。

● 用途　全草可药用，有疏风散热、拔毒消肿、安神镇静、消积化滞功效。

苍耳

Xanthium strumarium Linn.

- 菊科 Asteraceae 　 - 苍耳属 *Xanthium* Linn.

- **形态特征** 一年生草本。茎直立，下部圆柱形，上部有纵沟，被灰白色糙伏毛。叶片三角状卵形或心形，长 4~9cm，宽 5~10cm，近全缘，或有 3~5 不明显浅裂，顶端尖或钝，基部稍心形或截形，边缘有不规则的粗锯齿，有三基出脉，侧脉弧形，脉上密被糙伏毛；叶柄长 3~11cm。雄性的头状花序球形，被短柔毛，花托柱状，托片倒披针形，雄花多数，花冠钟形；雌性的头状花序椭圆形，外层总苞片小，披针形，内层总苞片结合成囊状，宽卵形或椭圆形，在瘦果成熟时变坚硬，外面有疏生的具钩状的刺，刺极细而直，基部被柔毛，常有腺点；喙坚硬，锥形，上端略呈镰刀状，少有结合而成 1 个喙。瘦果 2，倒卵形。花果期 7~10 月。
- **产地与生长环境** 见于瑞安市铜盘山、凤凰山、北龙山、大明莆、长大山、王树段岛，苍南县东星仔岛等海岛。生于路旁和荒地。
- **用途** 果实可药用，具利尿、发汗功效。

黄鹌菜

Youngia japonica (Linn.) DC.

• 菊科 Asteraceae • 黄鹌菜属 *Youngia* Cass.

• **形态特征** 一年生草本，具乳汁。茎直立，上部分枝，常被细毛。基部叶片长 8~12cm，宽 1~2cm，琴状或羽状分裂，顶生裂片较侧裂片大，侧生裂片向下渐小；茎生叶片羽状分裂或无叶。头状花序小，在茎枝顶端或沿茎排成聚伞状圆锥花序；总苞圆柱状，总苞 3~4 层，外层及最外层短，内层及最内层长，外面顶端具鸡冠状附属物或无；花托平，蜂窝状；花全为舌状，两性，黄色，舌片顶端截形，5 齿裂。瘦果纺锤形，褐色，稍扁平，具纵肋，被刚毛；冠毛白色，有时基部连合成环，整体脱落。花果期 4~10 月。

• **产地与生长环境** 见于洞头区大竹峙岛，瑞安市北龙山、大明莆、大叉山，平阳县柴峙岛，苍南县官山岛、草峙岛等海岛。生于山坡、路旁、灌丛或林下。

• **用途** 嫩苗可食用，也可药用，具清热解毒、利咽功效。

参考文献

R E F E R E N C E

Flora of China编委会.Flora of China（2-14卷）[M].北京：科学出版社，美国：密苏里植物园出版社联合出版，1989-2013.

丁炳扬.温州野生维管束植物名录[M].杭州：浙江科学技术出版社，2016.

福建省科学技术委员会，福建植物志编写组.福建植物志（1-4卷）[M].福州：福建科学技术出版社，1980-1995.

浙江植物志编辑委员会.浙江植物志（1-4卷）[M].杭州：浙江科学技术出版社，1989-1993.

郑朝宗.浙江种子植物检索鉴定手册[M]. 杭州：浙江科学技术出版社，2005.

中国科学院植物研究所. 中国经济植物志（上、下册）[M]. 北京：科学出版社，1960.

中国科学院中国植物志编辑委员会.中国植物志（2-7，20-55卷）[M].北京：科学出版社，1959-2004.